Preussen-Deutschland
oder
Deutsches Deutschland?

von

DR. B. SCHMITTMANN
ord. Professor an der Universität Köln
M. d. p. L.

BONN 1920
A. Marcus & E. Webers Verlag (Dr. jur. Albert Ahn).

Preussen-Deutschland
oder
Deutsches Deutschland?

von

Dr. B. SCHMITTMANN
ord. Professor an der Universität Köln
M. d. p. L.

Mit einer dreifarbigen Karte

BONN 1920
A. Marcus & E. Webers Verlag (Dr. jur. Albert Ahn).

INHALT.

Schriftwerke.

Jos. v. Görres, Politische Schriften, 6 Bde. München 1854/60.

Jos. v. Radowitz, Gesammelte Schriften. Berlin 1853.

Bogumil Goltz, Die Deutschen; ethnographische Studien. Berlin 1860.

Frhr. v. Ketteler, Deutschland nach dem Kriege von 1866. Mainz 1867.

K. Chr. Planck, Testament eines Deutschen. Tübingen 1881.

Const. Frantz, Der Föderalismus. Mainz 1879. In verkürzter Form neu herausgegeben vom Hellerau-Verlag 1919.

Const. Frantz, Die Preußische Intelligenz und ihre Grenzen. München 1874.

Fr. W. Foerster, Politische Ethik und politische Pädagogik. München 1918.

Fr. Meinecke, Weltbürgertum und Nationalstaat. München 1918.

Denkschrift zum Entwurf einer deutschen Reichsverfassung; Reichsanzeiger vom 20. Jan. 1919; herausgegeben im Auftrage des Reichsamts des Innern. Berlin: Reimar Hobbing.

E. Jacobi, Einheitsstaat oder Bundesstaat. Leipzig 1919.

H. Preuß, Deutschlands Staatsumwälzung. Berlin 1919.

Fr. Stier-Somlo, Die Verfassung des deutschen Reiches vom 11. Aug. 1919. Bonn 1919.

Wilh. Heile, Stammesfreiheit und Einheitsstaat. Berlin 1919.

F. Rachfahl, Preußen und Deutschland. Tübingen 1919.

W. Vogel, Deutschlands bundesstaatliche Neugestaltung. Berlin 1919.

Einleitung.

Der gerechte Ausgleich der staatlichen Ansprüche zwischen dem Reich und seinen Ländern ist heute das schwierigste, aber auch wichtigste innerdeutsche Problem. Denn einerseits wird nur eine festgefügte Reichseinheit und eine starke Reichsgewalt diejenige Kräfteentwicklung des deutschen Volkes auslösen, die uns wieder aus der Tiefe zur Höhe führt; andererseits aber kann die Reichsfreudigkeit der Länder nur dann erhalten werden, wenn ihr staatliches Eigenleben nach dem Maßstabe der Gerechtigkeit gesichert bleibt.*) Es handelt sich also um das Problem „Gemeinschaft und Persönlichkeit“ übertragen auf staatsrechtliche Verhältnisse.

Mit dem Wiederaufbau Deutschlands sind wir um deswillen bisher nicht weitergekommen, weil es uns bei den Versuchen hierzu an einer großen, führenden Idee gefehlt hat. Diesen, das Ganze beherrschenden Grundgedanken vermissen wir auch in der Reichsverfassung von Weimar. Der Verfassungsbau muß so lange etwas Unvollkommenes bleiben, als das Fundament, auf dem er errichtet ist, nicht organisch gewachsen und wurzelecht ist. Zentralisation allein hilft uns nicht, denn diese bedeutet an sich etwas Mechanisches; Mechanismus und Organismus aber sind zwei sich ausschließende Gegensätze. Während beim mechanischen Zentralismus die einzelnen Teile ohne innere Beziehung nebeneinander liegen und nur durch die äußere Kraft in Bewegung gesetzt werden, bedeutet Organismus inneres Leben, Wachstum, Blüte und Frucht; schon die kleinsten Teile sind hier durch geheimnisvolles Leben mit einander verbunden. Das Deutsche Reich von Weimar ist noch kein Organismus; es kann erst dazu werden, wenn das Ganze mit den Gliedern organisch verbunden wird durch das innere Leben der Gemeinschaftsidee, die die Rechte der Gesamtheit höher stellt als das egoistische Einzelinteresse, die aber gleichzeitig den Gliedern ihr Eigenleben beläßt, statt sie durch mechanische Zentralisierung zu erdrosseln.

Die Frage der organischen Neugestaltung Deutschlands gewinnt eine besonders aktuelle Bedeutung durch die Ereignisse

*) Abg. Dr. Kahl, Stenogr. Bericht der Nat.-Vers. S. 1208.

der jüngsten Zeit, wo die Extreme von rechts und von links glaubten ihre Sonderinteressen durch die brutale Gewalt ohne jede Rücksichtnahme auf die Gesamtheit verwirklichen zu dürfen. Sie gewinnt aber auch erneute Bedeutung gegenüber den in Frankreich sich mit vermehrter Kraft geltend machenden Absichten, den bei den Friedensverhandlungen mißlungenen Versuch einer Annexion der Rheinlande keineswegs aufzugeben. Was man damals auf direktem Wege nicht gewonnen hat, versucht man jetzt auf Umwegen zu erreichen. Die einen denken an eine gewaltsame Abtrennung der Rheinlande von Deutschland unter dem Vorwand der Strafe für Nichterfüllung von Bestimmungen des Friedensvertrages; die anderen empfehlen eine friedliche Gewinnung der Rheinländer durch wirtschaftliche Vorteile u. dergl. Ähnlich liegen die Verhältnisse in anderen Grenzgebieten.

Unter diesen Umständen ist es eine Lebensfrage für Deutschland, daß in den Ländern und vor allem in den Grenzländern die Reichsfreude erhalten und gestärkt wird. Sie müssen Verständnis fühlen für ihre Eigenart, ihre Sorgen und Wünsche, damit sie allen Einflüssen und Lockungen des Feindes gegenüber unnahbar und fest bleiben.

Es muß ein befriedigender Ausgleich gefunden werden zwischen der verstärkten Einheit des Reiches und der Freiheit seiner Glieder. Alle Kräfte müssen zur Auswirkung kommen, damit durch feste, aufopferungsvolle Hingabe aller das gefährdete Vaterland wieder gesunde.

Der Preuß. Landesversammlung liegt z. Zt. der Verfassungsentwurf für Preußen zur Beratung vor. Damit ist die Frage brennend geworden, ob Preußen in seinem heutigen Umfang weiterbestehen und durch die neue Verfassung als 2. Regierungszentrale neben der Reichszentrale in Berlin dauernd verankert werden soll.

Vor Einbringung des Preuß. Verfassungsentwurfs hat ein Antrag der drei Mehrheitsparteien (Zentrum, Sozialdemokraten und Demokraten) der verfassunggebenden preußischen Landesversammlung vom 13. Dezember 1919 die Preußische Staatsregierung ersucht, „sofort und noch vor Einbringung der endgültigen Verfassung, die Reichsregierung zu veranlassen, mit den Regierungen aller deutschen Länder über die Errichtung des deutschen Einheitsstaates in Verhandlungen einzutreten.“

Diese Tatsachen lenken erneut die Aufmerksamkeit der breitesten Kreise auf jene brennende Gegenwartsfrage, die nicht eher zur Ruhe kommen wird, bis sie eine Lösung gefunden hat.

Für den staatsrechtlichen Aufbau Deutschlands kommen mehrere Wege in Betracht:

1. Die erste Möglichkeit ist die, daß die früheren Bundesstaaten, in ihren staatlichen Rechten durch die neue deutsche Reichsverfassung und weitere reichsgesetzliche Maßnahmen stark beschnitten, in ihren Grenzen unverändert bleiben und so das Deutsche Reich bilden, wie es heute praktisch der Fall ist.
2. Die zweite Möglichkeit ist die, daß diese Länder die ihnen heute verbliebenen Rechte als Staaten behalten, aber gleichzeitig in ihren Grenzen insofern verändert werden, daß die zu kleinen zusammengelegt oder beseitigt, das große Preußen aber zerlegt wird in mehrere Länder.
3. Die dritte Möglichkeit ist die, daß die Gliederung in Länder ganz verschwindet und ein zentralistischer Einheitsstaat mit Untergliedern minderen Rechtes — Departements, Reichsprovinzen — nach französischem Muster geschaffen wird.

Alle drei Möglichkeiten haben regste Befürworter. Jeder politisch Denkende muß sich ein Urteil darüber bilden. Die Neuwahl zu den Parlamenten wird jeden auch als Wähler zur Stellungnahme in dieser Frage zwingen. Zudem ist schon im Sommer 1921 die Sperrfrist des Art. 167 der Verfassung abgelaufen, so daß dann einer Neugliederung des Reiches in Länder gemäß Art. 18 der Verfassung näher getreten werden kann.

I. Tatsächliche Rechtslage.

Wie ist nun die Sachlage heute?

Die praktisch vorliegende Situation ist geschaffen einmal durch die neue deutsche Reichsverfassung, dann aber auch durch spätere reichsgesetzliche Maßnahmen, besonders auf dem Gebiete der Finanz- und Steuergesetzgebung.

Zunächst wird durch die Verfassung auf der einen Seite den Bundesstaaten — die heute „Länder" heißen — der Charakter eines staatlichen Gebildes belassen. Sie haben eine, wenn auch erheblich abgeminderte Staatsgewalt[1]) behalten, mit eigener Gesetzgebungs-[2]) und Verwaltungsbefugnis[3]), soweit sie nicht durch reichseigene verdrängt ist.[4]) Sie haben ihre Gebietshoheit behalten[5]); von jedem Land wird verlangt, daß es eine Verfassung habe[6]), die es zum Staate macht; bei Verfassungsstreitigkeiten steht das primäre Recht der Entscheidung dem Staate selbst zu.[7])

Vielfach wird behauptet, die Landesgesetzgebung sei jedoch nur eine Autonomie, d. h. keine eigene, den Ländern selbst innewohnende Macht, sondern nur eine vom Reich den Ländern übertragene Herrschermacht. Diese Auffassung wird widerlegt durch Art. 12, der besagt: „Solange und soweit das Reich von seinem Gesetzgebungsrechte keinen Gebrauch macht, behalten die Länder das Recht der Gesetzgebung." Dies Recht wird den Ländern also nicht neu verliehen, sondern sie behalten in diesen Grenzen ihre frühere Souveränität, kraft deren ihnen eine eigene, nicht übertragene Gesetzgebungsgewalt innewohnt.

---

[1]) Art. 5.

[2]) Art. 12[1]; Art. 10 spricht für gewisse Gesetzgebungsgebiete nur von Grundsätzen, die das Reich aufstellen kann, also nur von Direktiven für die einzelstaatliche Gesetzgebung.

[3]) Art. 14. Als formeller Beweis für den Staatscharakter gilt ferner die öftere Verwendung des Ausdrucks „Staat", wenn der Gegensatz zum Reich betont werden soll. z. B. Art. 144; 147; 150; 154; 155.

[4]) Art 5—12. Grundsätzlich steht also die Verwaltung dem Einzelstaat zu — Art 14 —; damit soll wie bisher die reichseigene Verwaltung die Ausnahme bleiben; tatsächlich aber tritt sie auf vielen Gebieten, besonders in Steuer- und Verkehrsangelegenheiten, durchweg an die Stelle der einzelstaatlichen Verwaltung.

[5]) Art. 2 beginnt: „Das Reichsgebiet besteht aus den Gebieten der deutschen Länder"; Art. 18 gibt hier Befugnisse, die nur ein Staat haben kann.

[6]) Art. 5 „Landesverfassungen"; Art. 17: „Jedes Land muß eine freistaatliche Verfassung haben."

[7]) Art. 19. Nur wenn im Staat kein entsprechendes Gericht besteht, entscheidet auf Antrag das Reich.

Daß diese Staaten aber nicht mehr volle Selbständigkeit genießen, sondern in der höheren Reichseinheit bereits zu einem Ganzen verbunden sind, ist in der Verfassung festgelegt durch die Bestimmung, daß die Gesetzgebungsgewalt den Staaten nur auf den Gebieten zusteht und nur soweit zulässig ist, als keine reichseigene vorhanden ist oder geschaffen werden soll[1].) Ferner ist die Zusammengehörigkeit festgelegt durch die Einrichtung des an die Stelle des alten Bundesrats getretenen Reichsrats, in dem die einzelnen Länder ihre Vertretung haben.[2])

So stellt das neue Reich als die Vereinigung der mit Staatscharakter ausgestatteten „Länder“ rein theoretisch gesehen, einstweilen noch einen Bundesstaat dar. Aber das darf uns nicht darüber täuschen, daß der Einheitsstaat bereits in erheblichem Umfang verwirklicht ist und jeden Tag noch stärker zur Geltung gebracht werden kann.[3]) Trotz der den Ländern verbliebenen beschränkten Souveränität thront hoch über ihnen das alle Länder zu einem höheren Ganzen zusammenfassende Reich. So sagt direkt die hochbedeutsame und viel zu wenig beachtete Bestimmung des Art. 1: „Die Staatsgewalt des Reiches geht vom Volke aus.“ Dementsprechend heißt es denn auch in den Einleitungsworten der Verfassung:

„Das deutsche Volk, einig in seinen Stämmen, hat sich diese Verfassung gegeben.“ Die Verfassung ist also nicht durch eine Vereinbarung zwischen den Ländern untereinander, auch nicht durch eine solche zwischen den Ländern und der Nationalversammlung zustande gekommen. Sie ist Gesetz, nicht Vertrag. Dementsprechend ist auch die den Ländern verbliebene Souveränität eigentlich eine Schein-Souveränität; denn sie ist den Ländern nicht verblieben kraft ihres eigenen Willens, sondern durch den Willen des die Verfassung beschließenden Gesamtvolkes. So bestritten der Abg. Dr. Kahl und der Vertreter des Reichsministers, daß nach der Verfassung den Ländern noch eine Souveränität im eigentlichen staatsrechtlichen Sinne innewohne. (Sten. Ber. d. Nat.-Vers. S. 1255, 1256.)

---

[1]) Art. 5 bis 16.

[2]) Er besteht aus Mitgliedern oder Delegierten der Landesregierungen und setzt Länder mit Staatsqualität voraus.

[3]) **Vom Einheitsstaat sprechen wir, wenn das Volk eine Rechtseinheit, Machteinheit und Willenseinheit bildet, mit einer einheitlichen Verfassung und Verwaltung und einer einheitlichen Staatsgewalt.**

Das Volk ist also der Souverän des Reiches und es ist nichts, was nicht die Souveränität des Volkes beschließen und bestimmen könnte. Schon hierdurch kommt die Geschlossenheit und Einheit der Nation zum Ausdruck.

Tatsächlich nimmt denn auch die Verfassung für das Reich Gesetzgebungsgebiete in Anspruch, die ihm bisher nicht zustanden. Teils verlangt es hier die Gesetzgebung ganz für sich allein, teils nimmt es für sich nur die Rahmengesetzgebung in Anspruch und weist den Ländern die Gesetzgebung innerhalb dieses Rahmens zu.[1]) Den Ländern sind die Grundlinien der Verfassung, die sie sich geben sollen, vorgezeichnet. Für die Schul- und Kirchengesetzgebung, die bisher ausschließlich den Einzelstaaten zustand, gibt das Reich die Rahmengesetzgebung.

Das Reich kann sogar ohne Verfassungsänderung jeden Tag seine Gesetzgebungsgewalt noch erheblich ausdehnen und die der Länder damit einschränken, weil Art. 10 der Verfassung eine Reihe von Gesetzgebungsgebieten aufzählt, die das Reich für sich in Anspruch nehmen „kann“, auf Grund seiner eigenen Entschließung ohne Zustimmung der Länder.

Über die im Art. 10 aufgezählten Materien hinaus kann das Reich auf Grund des Art. 76 seine Zuständigkeit gegen den Willen der Länder durch verfassungänderndes Gesetz noch beliebig erweitern. Es genügt, wenn $^2/_3$ der gesetzlichen Mitgliederzahl des Reichstages anwesend sind und wenigstens $^2/_3$ der Anwesenden zustimmen. Außerdem kann auf Volksbegehren durch Volksentscheid (Plebiszit) eine Verfassungsänderung beschlossen werden.

Dem an die Stelle des Bundesrats getretenen Reichsrat ist weder bei der Gesetzgebung noch bei der Verwaltung eine rechtlich entscheidende Mitwirkung verblieben. Die Reichsregierung kann ohne seine Zustimmung mit Vorlagen an den Reichstag herantreten; das Veto des Reichsrates gegen Gesetzesbeschlüsse und Verfassungsänderungen hat nur eine aufschiebende, keine verhindernde Wirkung; die letzte Entscheidung hat der Reichstag bezw. der Volksentscheid.[2]) So hat der Reichsrat keine souveränen Rechte mehr, die Reichsgewalt ist vielmehr von den Bundesstaaten formell unabhängig.

---

[1]) Art. 5—15.
[2]) Art. 74, 76, 77.

Der neue Reichstag ist als Vertretung des Gesamtvolkes Träger der Reichssouveränität, während der alte Reichstag nur „Organ" der Gesetzgebung war.

Der neue Reichstag wirkt nicht mit bei Erlaß der Reichsgesetze, sondern er gibt die Reichsgesetze; er hat die höchste — nur durch das Referendum eingeschränkte — Gewalt in Reichsangelegenheiten; auch der Reichspräsident ist ihm untergeordnet, und die Reichsminister bedürfen, um amtlich tätig sein zu können, des „Vertrauens" des Reichstags. Die Aufgaben des Reichspräsidenten sind zwar immerhin bedeutend genug: Leitung der auswärtigen Angelegenheiten, Oberbefehl über die Wehrmacht, Anrufung des Volksentscheides in der Gesetzgebung, Ernennung und Entlassung der Reichsbeamten — beherrscht aber wird die ganze Tätigkeit des Reichspräsidenten vom Willen des Reichstages.

Auch die absolute Gebietshoheit der Länder tastet das Reich an durch die Bestimmung, daß auf Grund des Selbstbestimmungsrechtes nach Ablauf von zwei Jahren seit Inkrafttreten der Verfassung sowohl die Vereinigung mehrerer kleiner Länder zu einem größeren, wie die Zerlegung größerer Länder in mehrere kleinere ohne Zustimmung der Länder möglich ist.[1])

Die Leitung der auswärtigen Angelegenheiten bleibt dem Reich allein vorbehalten.

Die Bestimmungen, die Preußen mit Vorbedacht eine sachliche Hegemonie im Reiche sicherten, werden beseitigt: Preußen soll im Reichsrat, um sein Überwiegen zu verhindern, nicht mit mehr als zwei Fünfteln der Mitglieder vertreten sein. Von diesen zwei Fünfteln soll aber wieder nur die Hälfte von der preußischen Regierung, die andere Hälfte von den preußischen Provinzialverwaltungen entsendet werden.[2])

So ist das Reich ein selbständiges Rechtssubjekt mit eigener Willensorganisation; es besitzt Gesetzgebung und Verwaltung, also Herrschermacht, und diese Herrschermacht steht ihm zu kraft eigenen Rechtes, nicht durch Übertragung der Länder, denn deren einstimmiger Beschluß kann ihm die Herrschermacht nicht entziehen. Damit sind die Länder stark abhängig geworden von des Reiches Gnaden, ihre Existenz hängt davon ab, ob der Einheitsstaat sie weiter als Glieder duldet.

---

[1]) Art. 18, 167.
[2]) Art. 61, 62.

So ist in dem Bundesstaat von 1919 der Einheitsstaat nicht nur juristisch, sondern bereits tatsächlich vorhanden. Der Einheitsstaat ist nicht mehr zu schaffen, wohl aber muß er noch erst ein organisch-lebendiges Gefüge werden.

Die so aufgebaute neue Verfassung des Deutschen Reiches, die einerseits den Ländern gewisse staatliche Rechte beläßt, gleichzeitig aber eine starke Zentralgewalt des Reiches durchführt, weist wesentliche Unterschiede auf gegenüber der Bismarckschen Verfassung. Diese ging von einem Bund der Fürsten unter Führung des Königs von Preußen aus, die Weimarer Verfassung hingegen geht von der Einheit des deutschen Volkes aus. Im neuen Deutschen Reich ist das Volk der Souverän, im Bismarckschen war es nach dem Wortlaut der Verfassung der Bundesrat, also eine Organisation und Vertretung der Fürsten, unter entscheidender Führung Preußens. Der Bundesrat war dem Volke als Gesamtheit juristisch nicht verantwortlich, während der jetzige Reichsrat als Organ der Gesamtheit des Volkes diesem verantwortlich ist. Damals stand in erster Linie die Existenz der Einzelstaaten, die sich unter Preußens Hegemonie zum Reich zusammenschlossen, heute steht in erster Linie die Einheit des Reiches, das sich in Länder gliedert. Dementsprechend bot die Bismarcksche Verfassung den Einzelstaaten starke Sicherheiten gegen eine völlige Beseitigung ihrer Souveränität, Sicherheiten, die beim heutigen Einheitsstaat fortfallen.

Das alte Bismarcksche Reich war aber trotzdem in seinem Wesen gar keine eigentliche Bundesverfassung, einmal weil Preußen zu mächtig und weil anderseits so viele Bundesglieder selbst nicht lebenskräftig und nur Scheingebilde waren. „Vieles, was als föderative Grundlage der früheren Reichsverfassung angepriesen wurde, war in Wahrheit nur Mittel zum Zweck der Erhaltung der dynastischen Obrigkeitsregierungen und an ihrer Spitze der Preußischen Hegenomie“.[1]) [2]) Vieles davon ist nunmehr beseitigt. „Dadurch

---

[1]) Preuß, Deutschlands Staatsumwälzung,

[2]) Im Deutschen Reich nach 1870 war Preußen die führende Macht durch seine entscheidende Stellung im Bundesrat; „Preußen war das tragende Säulenwerk im kunstvollen Bismarckschen Reichsbau.“ Alle Vorlagen gingen zuerst durch das Preußische Ministerium, ehe sie den Bundesrat und Reichstag beschäftigten. Die Staatssekretäre des Reiches waren fast ausnahmslos auch preußische Minister, der Reichskanzler war zugleich preußischer Ministerpräsident, und die Kaiserwürde war erblich mit der preußischen Königskrone verbunden.

In Wirklichkeit war nicht der Bundesrat, sondern Preußen der Souverän des Reiches, genügten doch Preußens Stimmen im Bundesrat ganz allein, um jede Änderung der Gesetzgebung, nicht nur über Militärwesen und Marine,

steht die neue Verfassung aber den anderen, durchweg republikanischen Bundesstaatsverfassungen sehr viel näher als die frühere Reichsverfassung, die zu ihnen gerade durch jene angeblich föderativen Garantien in ausgesprochenem Gegensatz stand."[1])

Die durch die Verfassung gesicherte Grundlage des Einheitsstaates wurde durch die neue Reichsabgabenordnung noch erheblich gestärkt. Durch diese wird ein Vorrecht des Reiches auf alle Steuerquellen festgelegt. Bei den Beratungen über diese Steuergesetzgebung wurden in der Nationalversammlung ernste Stimmen laut, die betonten, daß die Reichsabgabenordnung verfassungswidrig sei; sie verstoße gegen Art. 8 und 11 der Reichsverfassung, die die Länder nicht von selbständiger Steuergesetzgebung ausschließe. (Vergl. auch die 154. Sitzg. d. D. Nat.-Vers.) Die neue Reichseinkommensteuer kehrt das bisherige finanzielle Verhältnis um und macht, wie es eigentlich schon Bismarck wollte, die Länder zu Kostgängern des Reiches.[2])

Ähnlich hinsichtlich der Neuordnung des Verkehrswesens: Post, Eisenbahn, Wasserstraßen und Elektrizität gehen restlos in die Reichsverwaltung über. Die Tätigkeit einzelstaatlicher Handelsministerien und Arbeitsministerien findet durch das Reichswirtschaftsamt und das Reichsarbeitsamt engste Begrenzung. So sind Verkehrseinheit, Wirtschaftseinheit, Militäreinheit, Finanzeinheit

---

sondern auch über alle Zölle und die Verbrauchssteuern, also auch über die Handelspolitik des Reiches zu verhindern, und zwar auch dann zu verhindern, wenn alle anderen Bundesregierungen u n d d e r g e s a m t e R e i c h s t a g einmütig für Abänderung eintraten. In anderen Fällen brauchte Preußen, um im Bundesrat die Entscheidung zu haben, außer seinen eigenen 17 noch 12 fernere Stimmen. Diese 12 Stimmen holte sich bekanntlich Preußen bei den von ihm finanziell und in der Eisenbahnverwaltung stark abhängigen Zwergstaaten. Alle 3 Königreiche, alle 6 Großherzogtümer und alle 3 Hansestädte zusammen waren also nicht imstande, die Mehrheit zu erlangen, wenn Preußen den Rest der Zwergstaaten auf seiner Seite hatte. Somit konnte man mit Recht sagen, d a ß n i c h t d e r D e u t s c h e R e i c h s t a g, s o n d e r n d e r P r e u ß i s c h e L a n d t a g durchwegs die Haltung der im Bundesrat ausschlaggebenden Präsidialmacht und damit die Politik des Reiches bestimmte.

Ein Gegensatz zwischen Preußen und dem Reich war somit kaum denkbar. Preußen war das Reich. So ist in Wahrheit das Deutsche Reich von 1870 niemals ein eigentlicher Föderativstaat gewesen. Der Großstaat Preußen machte den bundesstaatlichen Aufbau illusorisch und bedeutete eine ständige Majorisierung der anderen Bundesstaaten.

[1]) Preuß, a. a. O. S. 6.

[2]) „Aber gewiß ist, daß es für das Reich unerwünscht ist, ein lästiger Kostgänger bei den Einzelstaaten zu sein, ein mahnender Gläubiger, während es der freigebige Versorger der Einzelstaaten sein könnte bei richtiger Benutzung der Quellen, zu welchen die Schlüssel durch die Verfassung in die Hände des Reiches gelegt, bisher aber nicht benutzt worden sind." (Horst Kohl, die politischen Reden des Fürsten Bismarck, Band VIII, 14.)

dem Reich bereits gesichert, die Justizeinheit und anderes wird angestrebt.

Wir können somit eine immer überragender sich entwickelnde Kompetenz des Reiches wahrnehmen. Es herrscht eine stark unitaristische Tendenz vor; die zeitige bundesstaatliche Form ist nicht viel mehr als eine äußerliche Konzession.

II. Wie stehen wir zum Einheitsstaat?

Wir begrüßen eine starke Reichsgewalt. Es ist nicht leicht gewesen, die nationale Einheit aus dem furchtbaren Zusammenbruch zu retten, denn das kaiserliche Reich war aus Waffensiegen hervorgegangen und militärisch fundiert; daher gefährdete die ungeheure Niederlage seiner Waffen mit dem Kaisertum auch die Reichseinheit.[1])

Die einzige Möglichkeit, trotz allem noch die Reichseinheit zu retten, lag darin, in ausgesprochenem Gegensatz zu dem bisherigen Zustand, die neue Grundlage demokratischer Volkseinheit zu proklamieren. In der Not des Augenblicks verbanden sich in politischem Weitblick Zentrum, Demokratische Partei und Mehrheitssozialisten, um sich auf diesen Boden zu stellen. Die politische Einsicht der drei Parteien bewahrte Deutschland vor weiterem namenlosen Unglück, vor dem politischen Chaos, der Gewaltherrschaft einer Rätediktatur.

So haben wir mit Hilfe der Proklamierung der demokratischen Volkseinheit die äußere Reichseinheit gerettet. Aber auch den inneren Wiederaufbau können wir nur vollbringen, wenn alle Volkskräfte zu einem Ganzen zusammengefaßt werden. Außenpolitisch können wir nur dann wieder zu Ansehen und Geltung kommen, wenn wir als geschlossene Einheit dastehen. Früher vertrat unsere Wehrmacht das Deutsche Reich nach außenhin, heute muß es vertreten werden durch das geeinte deutsche Volk.

---

1) „Hatte schon früher die Empfindung der politischen Verödung und Unfruchtbarkeit zu einer Reichsverdrossenheit geführt, die in Wahrheit eine Verdrossenheit gegen die unfruchtbare und verödende preußische Hegemonie war, so wuchs diese Stimmung durch die langen Kriegsleiden und das Entstehen der Niederlage gewaltig an. Der Novembersturz vollzog sich in den Einzelstaaten nicht nur unter dem Rufe: „Fort mit den Dynastien", sondern auch unter dem: „Los von Preußen!". Erschreckend nahe drohte die Gefahr, daß daraus, begünstigt vom siegreichen Feinde, der Ruf: „Los vom Reich!" werde." Preuß, a. a. O. S. 5.

Bis hierhin sind sich die meisten Volksgenossen einig. Die Meinungen scheiden sich dann, wenn es gilt Klarheit zu gewinnen, in welcher Form diese Einheit hergestellt werden soll, ob durch den zentralistischen oder den organisch-gegliederten, den „föderativen" Einheitsstaat.[1])

Vielen genügt der durch die Verfassung und die späteren Maßnahmen geschaffene Einheitsstaat mit organischer Gliederung in Länder nicht. Sie wollen den straffen Zentralismus, der nur eine Spitze kennt, und als einzige Untergliederung lediglich ausübende Verwaltungsorgane minderen Rechts.

Bei aller Begeisterung für den Gedanken einer starken Reichsgewalt müssen wir diesen Zentralisten auf das entschiedenste entgegentreten. Soll der Einheitsstaat Kräfte wecken, zusammenfassen und stärken, dann muß er ein lebendiges Gebilde bleiben, dessen Glieder mitwirken und den Willen des Ganzen in die kraftvolle Tat umsetzen. Der Zentralismus aber faßt so straff zusammen, daß das Eigenleben der Organe erstarrt; der Blutkreislauf wird unterbunden, die Glieder sterben ab. Damit würde der gesamte Verwaltungsapparat des Reiches zu einer einzigen, den Winken einer allmächtigen Zentrale gehorchenden Maschine, die in Berlin ihren Sitz hat.

---

[1]) Die Begriffe: Unitarismus, Föderalismus, Zentralismus, Partikularismus stehen im allgemeinen Sprachgebrauch nicht ganz fest. Staatsrechtlich hat sich eine gewisse Begrenzung der Begriffe ergeben:

Unitarismus im Sinne des Staatsrechtes, insbesondere im Sinne der Reichsverfassung bedeutet einen zusammengesetzten Staat, der die Einzelstaaten fortbestehen läßt, sie aber als solche bei der Bildung und dem Vollzug seines Willens außer acht läßt. Föderation - Vereinigung mehrerer Staaten zu einer dauernden staatlichen Gesamtorganisation, wobei denselben eine bestimmte Selbständigkeit im Gegensatz zum straffen Einheitsstaat bleibt. In loserer Form ist dies der Staatenbund, wobei die Einzelstaaten ihre Souveränität behalten, in engerer der Bundesstaat, in dem die Zentralgewalt die Vormacht hat.

„Föderalismus bedeutet in Anwendung auf die geltende Reichsverfassung die Anerkennung des Staatscharakters der Länder und ihre Anteilnahme an der Bildung des Reichswillens." Der neugegründete deutsche Föderalisten-Bund bezeichnet als Föderalismus „ein Prinzip politischer Organisation, das, unter Ablehnung fremdländischer, auf reinen Theorien aufgebauter politischer Schablonen mit ihren Gewaltsamkeiten, einen den spezifisch deutschen Verhältnissen entsprechenden natürlichen bündischen Aufbau und Ausbau des deutschen Staatswesens in nationaler und internationaler Hinsicht herbeizuführen sucht."

Die Begriffe „Zentralismus" und Partikularismus" decken sich weitgehend mit den obengenannten Gegensätzen, „nur daß in diesem Begriffspaar noch viel mehr als in jenem, über die staatsrechtlichen und

Der Versuch des zentralistischen Einheitsstaates ohne Gliederung würde kaum Dauer versprechen. „Wäre der Einheitsstaat erst da und äußerte er seine vollen Wirkungen, so würde die Nation ihn hinterher nicht ertragen, sondern die ihr angelegte Zwangsjacke gewaltsam wieder zersprengen.“[1])

„Ein solch von einer Stelle aus geleitetes, regiertes und verwaltetes Staatswesen liegt uns Deutschen entschieden nicht. Die Stammeseigentümlichkeiten und landsmannschaftlichen Zusammenhänge sind dafür geschichtlich zu alt und heute noch zu lebenskräftig, daß man darüber hinwegsehen könnte.“[2]) „Es kommt auch nicht darauf an, die deutsche Eigenart zu unterschätzen und wegzudisputieren, sondern sie in der rechten Weise zu nutzen zum besten Zusammenwirken aller Deutschen in der tiefsten vaterländischen Not. Erst damit kommt ja auch die deutsche Nation zu ihrem Rechte, denn als ein Volk von Völkern kann sie selbst kein rechtes Leben haben, solange es ihren verschiedenen Stämmen fehlt.“[3]). Also keine preußisch-deutsche Gleichmacherei, nicht Berliner Zentralregierung und Zentralverwaltung.

Wir haben in Deutschland nie eine einheitliche Kulturzentrale gehabt. Berlin, die politische Zentrale, ist uns zum Symbol der Unkultur geworden. Die Keimzellen der deutschen Kultur waren, sind und bleiben über das ganze Reich verstreut. Sie zu ersticken und zu töten ist das verhängnisvolle Beginnen jener, die in der Zentralisation ihren Götzen erblicken“.[4])

Eine gesunde, realpolitische Auffassung muß die Notwendigkeit des Weiterbestandes lebenskräftiger Gliedstaaten bejahen, da das Gegenteil nur zur Zersplitterung und Reichsverdrossenheit führen kann. Erkennt man dies an, dann müssen den Ländern aber soviele Eigenrechte verbleiben, daß die Zubilligung der Staatsqualität an diese nicht ein Hohn auf die tatsächlichen Verhältnisse ist. Damit ein Staat als Staat leben kann, ist zu fordern: Gebietshoheit, Staatsvolk auf der Grundlage der Staatsangehörigkeit,

---

politischen Verschiedenheiten hinaus, diejenigen der Stammeseigentümlichkeiten, der kulturellen Sonderbedürfnisse, die Ausprägung von geographsicher und ethnographischer Eigenart und Selbstbehauptung zum Ausdruck kommen.“ (Stier-Somlo, a. a. O. S. 84 ff.)

[1]) Constantin Frantz, Föderalismus. Mainz 1879. S. 233.

[2]) Westd. Arb.-Ztg. v. 3. Januar 1920

[3]) Constantin Frantz, Föderalismus. S. 234.

[4]) Bayr. Volkspartei-Korrespondenz v. 17. Dez. 19. Nach dem vorliegenden Gesetzentwurf wird Groß-Berlin 8 Großstädte, 55 Landgemeinden und 21 Gutsbezirke umfassen.

eigene Regierung, selbständige Gesetzgebung, Volksvertretung. Die Reichsverfassung von Weimar sichert alle diese Staatsmerkmale den Ländern in gewissem Umfange zu. Da aber über den Ländern die selbständige und von den Ländern unabhängige staatliche Einzelpersönlichkeit des Reiches steht, ist Vorsorge zu treffen gegen willkürliche Beseitigung dieser den Ländern verbliebenen Rechte.

Durch die über die Weimarer Verfassung so stark hinausgehende Finanzgesetzgebung ist man in der Erweiterung der Machtbefugnisse des Reiches bis nahe an die Grenze gegangen, die mit einem staatlichen Eigenleben der Länder verträglich ist.

Wir müssen darum verlangen, daß im Einheitsstaate von Weimar Sicherheiten geschaffen werden gegen die vollständige Vernichtung der föderalistischen Basis. Die Länder müssen Garantien erhalten, daß der § 76 der Verfassung nicht dazu mißbraucht wird, sie zu Reichsprovinzen herabzudrücken. Die Maßnahmen auf dem Finanzgebiet müssen dahin revidiert werden, daß den Ländern und Gemeinden eine gewisse finanzielle Selbständigkeit zurückgegeben wird.

Nur der „föderative Einheitsstaat“ stellt die wirkungsvollste und erfolgreichste staatliche Organisationsform dar, weil nur er die notwendige Synthese herstellt zwischen Einheit und Freiheit.

Wir stellen also nicht den „Föderalismus“ höher als den „Einheitsstaat“, aber wir erachten den „föderativen Einheitsstaat“ für eine vollkommenere Organisationsform als den „zentralistischen“ Einheitsstaat einerseits und den „Föderalismus“ andererseits.

Es ist ein Irrtum zu glauben, daß der straffe Zentralismus ein Gebot der Sparsamkeit, der föderative Einheitsstaat ein Luxus sei. Auch wir wollen nicht zwei Dutzend Einzelstaaten beibehalten wissen, sondern ihre Zahl um die Hälfte vermindert sehen und sie nur dann und soweit noch anerkennen, als sie völkische- oder Stammeseigenart in sich bergen. Eine Staatsorganisation kann nie zweckmäßig sein, die von der eigenen Volksgeschichte und dem Wurzelechten losgelöst und darum keine wirkliche Realpolitik ist. Für die Organisation des Reiches, das eine Jahresausgabe von vielen Milliarden hat, kann es nicht entscheidend sein, durch Beseitigung fundamentalster Grundlagen ein paar Millionen zu sparen, wenn damit nationales Leben und staatsbürgerliche Entwicklung gehemmt und unterbunden werden.

Es kann auch sehr bezweifelt werden, ob der zentralistische Staatsbetrieb wirklich billiger ist als die dezentralisierte, föderative Regierung. „Je größer der Staat, desto schwerfälliger und undurchsichtiger ist die Verwaltung, um so leichter die Möglichkeit für Unterschleif, Betrug, Günstlingswirtschaft und Parteiherrschaft.“ [1])

Bei dem geringen politischen Verständnis des Durchschnitts-Deutschen ist kein besseres Erziehungsmittel gegeben als das Parlament. Nur auf diesem Wege kann der Deutsche vom Spießbürger zum Staatsbürger erzogen werden. Allerdings müßten sich diese Parlamente in ihrer Tagungsdauer Beschränkung und Mäßigung auferlegen. Abschreckend wirkt hier das Preußen-Parlament, das in Zahl und Dauer der Sitzungen mit der Nationalversammlung anscheinend immer noch gleichen Schritt halten will. Dadurch wird die Bedeutung einer solchen Körperschaft immer mehr herabgesetzt.[2])

Wird den Ländern eine solche Bewegungsfreiheit garantiert, so ist ihnen *mit einer derartigen beschränkten Souveränität, wie sie die Weimarer Verfassung vorsieht, wohl viel mehr gedient als mit der fragwürdigen bundesstaatlichen Vollsouveränität im alten Reich, die wegen der preußischen Vorherrschaft in Wirklichkeit keine war.*

Bei der *überragenden Machtvollkommenheit*, die der Reichsgewalt durch die Weimarer Verfassung und die spätere

---

[1]) Abg. Jäger-Speyer. Allgem. Rundschau 1920 Nr. 2.

[2]) Es dürfte sich für die einzelnen Länder und auch für das Reich empfehlen, Fragen von aktueller Bedeutung, die der Gesetzgebung harren, außerhalb der Parlamente in amtlichen oder halbamtlichen Sachverständigen-Kommissionen frühzeitig zur Erörterung und Klarstellung zu bringen und erst nach entsprechender Verarbeitung des Materials hätte dieses mit einem Gutachten der Kommission an das Parlament zu gelangen. Eine Fülle unbrauchbaren Gesetzgebungswerkes wäre uns wohl auf diesem Wege erspart geblieben.

Dr. Weyl (Unabh. Soz.) Preuß. Landesversammlung 1919 S. 7724: „Das Volk — die Abgeordneten und das Volk draußen nehmen an unseren Verhandlungen außerordentlich geringen Anteil; vorhin haben wir es sogar erlebt, daß ein Parteiredner sprach und seine Partei überhaupt nicht zur Stelle war. Bei der Art, wie die Presse aller Richtungen gezwungen ist, unsere Verhandlungen abgekürzt zu veröffentlichen, hört die Bevölkerung draußen von dem, was sich hier abspielt, sehr wenig. . . . . Alle diejenigen, die ein Interesse an der Entwicklung unseres Landes und Volkes haben, sollten sich doch überlegen, ob es richtig ist, daß wir in den Parlamenten nicht nur die großen weltbewegenden Fragen erörtern, sondern auch rein sachliche Fragen hier im großen

Reichsgesetzgebung verliehen wurde, „ist es eine Ungeheuerlichkeit zu behaupten, daß die Bestrebungen zur Erhaltung der Eigenart der Länder und Stämme wieder zum alten Partikularismus führten.“ [1]) Die Vereinigten Staaten von Nordamerika sind ein Beispiel für die Möglichkeit, daß die einzelnen Staaten, ohne die Einheitlichkeit des Ganzen zu beeinträchtigen, weitgehende Bewegungsfreiheit genießen.

Der Reichsgewalt sind mit Recht in besonders weitgehendem Maße die mechanisch-technischen Aufgaben übertragen worden, denen die Zentralisation und der Großbetrieb förderlich sind. Im übrigen muß sich das Reich darauf beschränken, grundsätzliche Richtlinien und Rechtsätze — Rahmengesetze — zu erlassen. Die Regelung im einzelnen aber und die Ausführung ist den Ländern, Kreisen und Gemeinden zu überlassen. Besondere Vorsicht ist in den kulturellen Fragen geboten, da die Schematisierung auf die geistige Entwicklung ertötend wirkt; sie drückt das Vaterland zu einer Marionette herab, deren Glieder, ohne geistiges Eigenleben, sich nur kraft des Drahtziehers bewegen.

Gerade auf dem Gebiet der kulturpolitischen Fragen erhofft man von dem Fortbestand staatlicher Geschlossenheit und Eigengesetzgebung der Länder mehr und besseres als von einem zentralistischen Einheitsstaat, denn man weist auf das möglicherweise Vergängliche der Garantien einer versöhnlichen und gerechten Kulturpolitik von Reichs wegen hin. „Welches wären hier die Garantien der Länder nach Einführung des Einheitsstaates?“ [2])

Kreis des Parlaments vor leeren Stühlen besprechen. Solche Fragen gehören in den Ausschuß, gehören in das Gremium der Sachverständigen hinein und hier das Plenum wäre höchstens geeignet, das Ergebnis dessen, was im Ausschuß zur Beratung gekommen und beschlossen worden ist, der größeren Öffentlichkeit zu übermitteln.“

Dominikus, (D. Dem., Stenogr. Ber. d. Preuß. Landesversamml. 1919 S. 8098): Meine politischen Freunde sind auch nicht von einem Gefühl übermäßiger Befriedigung über die bisherigen Leistungen unserer Landesversammlung erfüllt. Die Fertigstellung der Etatsberatung hat 3 Monate erfordert und von den sämtlichen Positionen des Etats ist jede einzelne bereits durch die Entwicklung in Wirklichkeit überholt. Zwar sind 36 Gesetze fabriziert, aber die große Mehrzahl sind doch eigentlich Not- und Übergangsgesetze und nur wenige haben einen dauernden positiven Inhalt.

Gronowski, Zentr., Stenogr. Ber. d. Preuß. Landesversamml. 1919, S. 8085: „Wenn dieses Wettrennen, dieses Stellen von Anträgen und Anfragen nicht aufhört, dann kommen alle Parlamente, und schließlich auch unser Parlament in den Verdacht, eine Einrichtung der Gefälligkeitsschwätzerei und Umschmeichelung zu sein. Ich habe den Eindruck, als ob man unbekümmert um die Durchführbarkeit gewisser Anträge sie dennoch stellt, bloß um ein Wettrennen, ein Wettlaufen um die Gunst der Wähler zu veranstalten.

1) Abg. Dr. Buer, d. dem. Pr. Landesvers. 5. Nov. 1919.

2) Beyerle, Köln, Volkszeitung 19. Januar 1920.

Der Grund, warum die Kulturfragen so sehr der Schematisierung widerstreben, liegt darin, daß sie Beziehung haben zur Seele des Menschen. Dies verursacht die Empfindlichkeit gegen jeden Eingriff in das Kulturleben und die Zähigkeit des Widerstandes, der gerade von hochwertigen Volksteilen hier geleistet wird. Auch hängt damit zusammen, daß solcher Widerstand, der seine Wurzel in tiefsten Überzeugungen hat, stets den Widerstehenden innerlich wachsen statt vergehen läßt (s. Katholiken im Kulturkampf, Sozialisten während des Sozialistengesetzes). Das war der Fehler Bismarcks, diese seelischen Zusammenhänge nicht genügend zu verstehen und zu beachten. Alles was Geistesknechtschaft und Gewissensnot erzeugt, befähigt den wertvollen, noch nicht degenerierten Menschen zu höchster Widerstandskraft. Es sollte die edelste Frucht der Demokratisierung sein, daß jedem in Kulturfragen eine bessere Sicherung seiner Persönlichkeitsrechte garantiert wird, an Stelle der bisher vielfach betriebenen Vergewaltigung.

III. Materialien zur Ablehnung des zentralistischen Einheitsstaates.

Will man echte Realpolitik treiben, dann ist das erste und notwendigste Erfordernis die Berücksichtigung der tatsächlichen und gegebenen Verhältnisse des Landes und Volkes. Eine unnatürliche Schöpfung kann unserem Volke nicht zum Heile gereichen, wenn auch noch so viele praktische Gründe dafür sprechen. Das Volk ist keine Rechenmaschine. Es kann ein Zustand nicht von Dauer sein, in dem das geschriebene Recht mit den tatsächlichen Verhältnissen in offenbarem Widerspruch steht. Für den Politiker gilt es, die im Volke wirkende innere Bestimmung zu erkennen. Der deutschen Nation, diesem „Volk der Völker“, ist vor allem eine starke Differenziertheit eigentümlich. [1])

Der v o r l ä u f i g e Entwurf einer Reichsverfassung hatte den u n i t a r i s c h e n Standpunkt scharf betont; in dem endgültigen

[1]) Die Differenzierung ist ein Maßstab für die Höhe und Vollkommenheit eines Organismus. Es ist schwer, ein deutsches Wort dafür zu finden; das Wort „Verschiedenartigkeit“ besagt nicht alles. „Das begründet erst die wahre Würde Deutschlands, daß seine eigene Entwicklung so vielseitige und weitreichende Gesichtspunkte eröffnet, wie in gleichem Maße von keinem anderen Lande zu sagen wäre. Ein äußeres Zeichen davon ist die Tatsache, daß noch heute fast alle europäischen Dynastien aus Deutschland stammen: ein deutlicher Fingerzeig auf dessen internationalen Beruf.“ Frantz a. a. O. S. 472.

Entwurf dagegen wurde ein Kompromiß zwischen ihm und dem Föderalismus geschaffen.

Abg. Dr. Spahn (Zentr. sten. Ber. d. Nat.-Vers. S. 377 C): Für den föderalistischen Gedanken spricht „die Mannigfaltigkeit des deutschen Lebens in Nord und Süd, in Ost und West, die verschiedenartige Zusammenfassung und Veranlagung des deutschen Volkes in seinen einzelnen Stämmen, der Reichtum an politischen und kulturellen Wirkungen des deutschen Lebens in seinen zahlreichen landschaftlichen und örtlichen Brennpunkten."

Abg. Dr. Beyerle (Zentr. sten. Ber. d. Nat.-Vers. S. 467 A): Für einen gesunden Föderalismus spricht der Bundesstaat, „der dem Wesen des deutschen Volkes gemäß seinem Streben nach Freiheit in der Genossenschaft entsprechend ist; er ist Hort hoher Kulturwerte, ein Quell innerer Bereicherung, eine Pflanzstätte des Heimatgefühles und bodenständiger Art und Sitte, ein Wirkungsfeld des politischen Lebens im übersehbaren Kreise und damit ein Ansporn des Einzelnen und eine politische Betätigungsmöglichkeit für eine schollenanhängliche Bevölkerung, eine Bürgschaft auch des konfessionellen Friedens.

Abg. Dr. von Delbrück, (deutsch-nat. sten. Ber. der Nat.-Vers. S. 388 CD.): „Die Einzelstaaten sind dagegen zu schützen, daß sie durch einen Machtspruch ihrer Eigenschaft als Bundesstaat entkleidet oder eines großen Teils ihres Territoriums beraubt werden, anderseits sollte die Möglichkeit gegeben werden, neue staatliche Gebilde zu schaffen." — Die Deutschdem. Partei und die Deutsche Volkspartei nahmen in der Nat.-Versammlung eine Mittelstellung ein. Erstere betonte die bundesstaatliche Gliederung mit dem Gedanken der Reichseinheit vereinen zu wollen. (Abg. Koch, Kassel sten. Ber. S. 393 D.), letztere formulierte ihre Wünsche dahin: „die Gliedstaaten sollen an der Bildung des Reichswillens teilnehmen; er soll nicht lediglich durch den Reichstag beherrscht sein; es dürfen nicht einzelne Gliedstaaten vergewaltigt werden; ein Teil der Kleinstaaten muß sich zu lebensfähigen größeren Gebilden vereinigen." (Abg. Dr. Heinze sten. Ber. S. 398 B).

Der Abg. Dr. Lauscher sagte in der Preuß. Landesversammlung am 16. Dez. 1919:

„Soweit wir die deutsche Geschichte zurückverfolgen, nirgendwo tritt uns ein streng einheitliches germanisches oder deutsches Volk entgegen. Wir begegnen Stämmen, und vom dritten Jahrhundert ab, Bünden von Stämmen, deren Namen sich zum Teil bis in die Gegenwart hinüber gerettet haben. Aber niemals hat es das Germanentum zu einer die Stammeseigentümlichkeiten und

Stammesunterschiede verwischenden, vollkommen geschlossenen Einheitlichkeit gebracht. Ich glaube, es wäre ein vollkommen aussichtsloses Unterfangen, wenn wir jetzt nach 19 Jahrhunderten deutscher Geschichte dieses Experiment unternehmen würden. Dem politischen Genius Karls des Großen ist es vorübergehend gelungen. Aber eben auch nur vorübergehend. In der Folgezeit haben sich die partikularistischen Tendenzen immer stärker erwiesen als die unitaristischen, und schließlich ist aus den bekannten geschichtlichen Ursachen das ganze Elend der deutschen Viel- und Kleinstaaterei herausgewachsen. Von diesem Elend wollen wir heute um jeden Preis frei werden. Aber mit dem Gedanken müssen wir uns nicht bloß abfinden, sondern der Gedanke muß der Ausgangspunkt unserer gesamten Überlegung in Sachen des deutschen Einheitsstaates sein, daß diese natürliche Gliederung und Differenzierung des deutschen Volkes dabei zu ihrem vollen Rechte kommt, daß wir nicht nivellieren, nicht natürliche Unterschiede, natürliche Eigenart verwischen oder beseitigen wollen, sondern daß wir sie so weit zu ihrem Rechte wollen kommen lassen, als es irgend mit der Einheit des Gesamtreiches vereinbar ist. Wir wollen die Einheit des Reiches, aber zugleich die Gliederung des Reiches in Länder mit weitestgehender Selbstverwaltung".

Auch Behling verneint in den Alldeutschen Blättern, daß die Bestimmungslinie der Deutschen in der Richtung des zentralistischen Einheitsstaates verlaufe; er schreibt:

„Deutschlands 2000jährige Geschichte beweist das gerade Gegenteil. Gerade in den Hochzeiten deutscher Geschichte war der Ländergedanke immer lebendig, er ist mit dem Deutschtum geboren und hat es durch seine ganze Geschichte begleitet und hat nicht *nur* schädlich gewirkt. Es ist nicht wahr, daß der Einzelmensch *unmittelbar* als Einzelzelle mit der Gesamtnation verknüpft sei. Diese Verknüpfung geht vielmehr auf dem Wege *über sehr viele gesellschaftliche Erscheinungsformen* vor sich: Person, Familie, Sippe, Stamm, Volk, Nation. Wo die Person der Familie, der Sippe, der Völker ermangelt, da ist auch die Verbindung zur Nation unterbrochen. Der Sachse muß wieder Sachse werden, der Bayer erst wieder Bayer, ehe man daran denken kann, ihn zum bewußten Deutschen zu erziehen. Wer diese völkische Entwicklungsstufe überspringen zu können glaubt, kennt unsere Völkerstämme nur vom Schreibtisch her. Es war ein großer Fehler unserer elsaß-lothringischen Politik, anzunehmen, man könne diesen Sprung bei dem so lange von Deutschland getrennt gewesenen Volke wagen. Schlechtweg „Reichsdeutsche" aus ihnen bilden zu wollen, war eine Versündigung gegen völkische Entwicklungsgesetze.

Niemand wird die partikularistischen Kräfte des deutschen Volkes verleugnen. Unter dem Gesichtspunkt äußerlicher Zweckmäßigkeit darf diese Frage aber nicht betrachtet werden, da ein Staat kein Geschäftsunternehmen ist."

M. Spahn sagt:

„Wir sind von allen Nationen des Abendlandes die am wenigsten einheitlich gebildete und die am wenigsten zur einheitlichen Bildung veranlagte. Strebungen zur Einheit kreuzen sich von jeher auf allen Gebieten unseres nationalen Lebens mit Strebungen zur Mannigfaltigkeit. Aus dem *Wettbewerb* beider und ihrem allmählichen, immer neu zu suchenden Ausgleich ist unsere nationale Geschichte erwachsen, auf ihm beruht unsere Eigenart und unsere Zukunft."[1])

Der demokratische Abgeordnete Dr. Ruer schreibt:[2])

„Man kann nicht, weder im Reich noch in Preußen, nach einer einheitlichen Schablone von Berlin aus alles regieren, man muß sich damit abfinden, daß der Rheinländer anderen Schlages ist als der Ostpreuße, daß der Schleswig-Holsteiner sich vom Brandenburger unterscheidet."

Die Zerschlagung der völkischen Basis und die Vernichtung der Stammeseigenart würde eine politische Kurzsichtigkeit ohne gleichen bedeuten und geradezu den Bestand des Reiches gefährden. Und wenn je irgendwelche Aussichten auf Anschluß Deutsch-Österreichs an das Reich vorhanden sein würden, sie wären nur möglich auf der Basis des freien Zusammenschlusses.

In Württemberg richtete kürzlich der Staatspräsident folgende Worte an den Reichspräsidenten, um scharfen Protest gegen die Zentralisationsbestrebungen in Berlin einzulegen:

„Deutschland ist während des ganzen Laufes seiner Geschichte ein Bund von Staaten, niemals ein zentralisierter Einheitsstaat gewesen. Jetzt sehen wir mächtigen Einfluß am Werk, über diese Tatsache unserer Geschichte hinwegzugehen, nach dem Vorbild der französischen Revolution von 1789 auf den Trümmern der Bundesstaaten die neue Reichsverfassung und den deutschen Einheitsstaat zu errichten. Geschichtliche Vorgänge lassen sich aber nicht wiederholen. Die Zentralisation der französischen Revolution spielte sich in einem Agrarstaat ab, in dem die gegensätzlichen Interessen der alten Provinzen viel geringer waren als in dem differenziert gewordenen Deutschland. Was haben sie aus den französischen Provinzen gemacht? Wir waren in Deutschland stets stolz auf die Selbstverwaltung unserer Städte und Gemeinden. Sie hatte sich ebenbürtig der Selbstverwaltung des Staates an die Seite gestellt. Selbstverwaltung ist aber nicht möglich ohne Autonomie. Ohne sie und ohne eigne Finanzverwaltung kann selbst die kleinste Gemeinde kein eigenes, in ihrem engen Kreise von Kraft der Erhaltung und des Wechsels erfülltes Leben führen. In wieviel größerem Umfange, mit wieviel mehr Recht gilt dieser Satz weiter für die größeren politischen Körper, die Staaten! Wir bedauern aufs tiefste, daß man in doktrinärer Einseitigkeit seine Richtigkeit verkannt und den Staaten den Lebensraum, den sie für sich, das Reich und die Gemeinden brauchen, viel zu sehr beengt hat. Man hat die alten Wurzeln der Kraft des Deutschen Reiches zu durchhauen begonnen, ohne die Bildung neuer Zweige abgewartet zu haben. Und dann hat die Geschichte des ungeheuren Krieges, der hinter uns liegt, den Beweis dafür geliefert, daß es unmöglich ist, auch unter Anwendung aller Gewaltmittel das Deutsche Reich von einer Stelle aus zu verwalten, sein wirtschaftliches und politisches Leben zu meistern. Alles Höherleben ist deshalb das höhere, weil es reicher differenziert ist. Will man jetzt die Umkehrung dieses Satzes als neue politische Weisheit verkünden und sie zur Maxime seines

---

1) Nationale Erziehung und konfessionelle Schule S. 58.

2) Frankf. Ztg. 9. September 1919.

Handelns machen, so wird man, wie wir befürchten, das Deutsche Reich einem schnellen Untergang zuführen. Einigkeit und Einheit ist nicht gleichbedeutend mit zentralistischer Gleichmacherei. Was in einer jahrhundertelangen Geschichte eines großen Volkes, wie es das deutsche ist, langsam entstanden ist und tiefe Wurzeln in seinem Leben geschlagen, den politischen Charakter, die jetzige Art seiner Teile gebildet und in feste Formen gegossen hat, läßt sich nicht vom grünen Tisch, und sei es auch der einer gesetzgebenden Versammlung, wegdekretieren. Und wenn ich heute die schweren Sorgen über die politische innere Entwicklung unseres Volkes hier vortrage, die die württembergische Staatsregierung aufs tiefste bewegen, und sie dem Herrn Reichspräsidenten ans Herz lege, so kann ich das tun, weil Württemberg niemals im engen Partikularismus sein Gedeihen vor das Ganze gestellt, vielmehr von jeher treuester Kämpfer für den Reichsgedanken gewesen ist. Ich wage es auch deshalb zu tun, weil ich überzeugt bin, bei dem Herrn Reichspräsidenten als einem Sohn des Südens warmes Verständnis für meine Sorgen und Befürchtungen zu finden. Es ist die erhabene Aufgabe des Reichspräsidenten, über den Tagesstreit der Parteien hinaus die großen Richtlinien vaterländischer Politik zu weisen und ihnen in wechselvollem Kampfe Geltung zu verschaffen."

Der Reichspräsident erwiderte:

„So sehr wir in der Reichsleitung bestrebt waren, auf den wichtigsten Gebieten eine möglichst einheitliche Zusammenfassung der Kräfte durchzuführen, so haben wir doch nie verkannt, wie für den Fortbestand des Reiches unerläßlich ist die Wahrung der Eigenart unserer deutschen Stämme und die Wahrung des politischen, staatlichen Eigenlebens der Einzelstaaten."

Der frühere württemb. Ministerpräsident Weizsäcker erklärt die Behauptung, es könne den Bedürfnissen der einzelnen Stämme durch weitestgehende Selbstverwaltung innerhalb des Einheitsstaates Genüge getan werden, für eine leere Redewendung. Es werde keine Spur eines selbständigen Staates mehr übrig bleiben. „Die neue Reichsverfassung hat den Gliedstaaten bereits schwere Opfer zugemutet; diese ohne Not zu vermehren, wäre gefährlich. Man muß sich darüber klar sein, daß gegebenenfalls der Einheitsstaat eine besondere württembergische Gesetzgebung nicht mehr zuläßt, daß wir eine eigene Staatsregierung im Einheitsstaat nicht mehr haben können, daß es keine württembergischen Staatsbeamte mehr gäbe, daß unser Landtag verschwände, daß Württemberg im Reichsrat keine Stimme mehr hätte, weil es keinen Reichsrat mehr gäbe, kurz, wir würden bei aller sogenannten Selbstverwaltung Provinz im vollsten Sinn des Worts. Demgegenüber würde in Württemberg der lebhafteste Widerstand zu gewärtigen sein." Schwäbischer Merkur 4. Januar 1920.

Auch folgendes ist noch zu beachten. Der zentralistische Einheitsstaat ist in viel höherem Maße plötzlichen Verfassungsänderungen ausgesetzt als der organisch aufgebaute Staat; die nationale Entartung, überhaupt alle Kulturkrankheiten, gehen im zentralistischen Staat hemmungsloser vor sich, weil er eben für diese Einflüsse ein einziges Ziel und nur ein einziges Hindernis in der Zentralgewalt bietet. Der zentralistische Einheitsstaat kann nur beherrschen, der organisch gegliederte verwaltet und macht friedliche Eroberungen. Die Behauptung, der zentralistische Einheitsstaat gelte außer in Deutschland allgemein[1]), ist unrichtig. Weder England noch Amerika sind einheitliche, gleichartige Staatsgebilde; sie beruhen auf bundesstaatlicher Grundlage. Das britische Imperium ist gerade jetzt im Begriff, zum ausgesprochenen Bundesstaat überzugehen, und zwar durch die Verselbständigung seiner Dominions und Irlands. In Frankreich hat die im Jahre 1900 geschaffene „**Fédération régionaliste française**" den Kampf gegen die übertriebene und ungesunde Zentralisation Frankreichs, für die Paris die typische Formel ist, aufgenommen.

Der Bayr. Kurier schreibt in einem Leitaufsatz vom 27/28. Dezember 1919:

„Das Problem ist kein rein technisches und kann daher auch nicht nach den Gesichtspunkten reiner Zweckhaftigkeit gelöst werden. Aber selbst vom rein technischen Standpunkt aus müßte der Einheitsstaat und der Zentralismus verworfen werden. Er arbeitet schwerfälliger und teurer als der föderative und der dezentralisierte Aufbau, ist viel mehr der Gefahr von Mißgriffen, von ungenügendem Einblick und der Gefahr des Leerlaufes gewisser Räder der Maschinerie ausgesetzt als dieser. Im Interesse der Verbilligung den Einheitsstaat verlangen ist ebenso irrig wie von ihm eine Hebung der inneren Geschlossenheit des deutschen Volkes zu erwarten. Vollends unmöglich ist die angestrebte Verbilligung bei gleichzeitiger, weitgehender Selbstverwaltung für die Reichsprovinzen, wie sie diejenigen anstreben, die die Gefahren des Zentralismus vermeiden möchten."

Der Professor der Geschichte an der Preuß. Universität Halle a. d. S. Dr. Heldmann äußert sich wie folgt zum Unitarismus:[2])

„Die Einheitsstaatstheorie, die sich im Bismarckschen Deutschen Reich zu verwirklichen bestimmt war, wie sie bereits das preußische Königreich der Hohenzollern beherrschte, ist nicht aus der Wirklichkeit hervorgegangen, sondern eine auf lauter Abstraktionen — den abstrakten Begriffen des Staates, der Souveränität, des Bürgers usw. — beruhende fremdländische Schablonentheorie. Bezeichnenderweise entstanden auf der Grundlage des unitarisch gerichteten dynastischen Staates, des Absolutismus, in der unhistorischen Aufklärungszeit des 18. Jahrhunderts, erstmalig angewandt auf dem unhistorischen Neuland Nordamerikas, ausgebaut in Theorie und Praxis durch die französische Revolution, ist sie auf deutschem Boden in der Zeit heimisch geworden, die als die Zeit der Fremdherrschaft und der tiefsten Erniedrigung Deutschlands im

[1]) Kuth. Preußische Gemeindezeitung 1919.
[2]) Kölnische Volkszeitung 23. August 1919 Nr 659.

vaterländischen Kurs sonst nicht hoch zu stehen pflegt. Ihr Einfallstor in Deutschland war das Königreich Westfalen, ihr erstes Verbreitungsgebiet die Rheinbundstaaten. Zur alleinseligmachenden Staatslehre ist sie freilich bei uns erst durch das Revolutionsjahr 1848 und das Frankfurter Parlament erhoben worden, um zur praktischen Vollendung dann auf deutschem Boden in der preußischen Verfassung zu gelangen.

Es ist die Eigentümlichkeit dieser Theorie, daß sie, nicht von den konkreten Bildungselementen des Staates im einzelnen, sondern von dem abstrakten Zweck des Staates im ganzen ausgehend, es unternehmen zu können glaubt, ihren Staat von oben nach unten, aus der Luft nach der Erde, von dem Ganzen, das erst werden soll, zu den einzelnen Teilen, die bereits vorhanden sind, aufzubauen. Konkret ausgedrückt: sie nimmt für den abstrakten Begriff des Staates das volle und uneingeschränkte Prädikat der Souveränität nach innen und außen in Anspruch, um aus der Fülle ihrer Allgewalt, die keine wie immer gearteten selbständigen Rechtstitel neben sich anerkennt, allenfalls auf dem Wege der Dezentralisation abgeleitete Rechtstitel zu verleihen, prekäre Rechte, die sie jederzeit auch wieder zurückzunehmen berechtigt ist.

Von oben her alles ordnend, alles bevormundend, im Guten wie im Bösen, überläßt der Einheitsstaat den nachgeordneten Instanzen in allem Wesentlichen lediglich die Ausführung seiner Befehle. Auf seinem Boden allein erwächst die bureaukratische Schablone, das „Schema F", das den Tod aller beruflichen Initiative bedeutet und die Selbständigkeit der Charaktere untergräbt. Und die Individualität des Menschen, sein Recht und seine Freiheit, gehen ihm unter in dem Begriff des Staatsbürgers mit seinen Pflichten und seiner Unfreiheit. Das ist der Einheitsstaat: der Staat des Militarismus und Bureaukratismus, des Polizeigeistes und der Uniformen, ein künstliches Gebilde, das in allen in natürlichem Wachstum entstandenen Lebensordnungen von vornherein seinen Feind erblickt und mit ihnen sich erst dann aussöhnt, wenn es sie restlos unter sich gebeugt hat, ein Staatswesen, das sich groß dünkt nur, weil ihm der Sinn für fremde Größe fehlt. Dieser Einheitsstaat ist im Grunde zeitlos und raumlos. Begründet auf die Paragraphen papierner Konstitutionen fingiert er einen Zustand, der im Prinzip unveränderlich ist, den ewigen Fluß der Dinge ignoriert. Aber das Leben läßt sich nicht in der Starrheit halten, und so trägt die Einheitsstaatsidee ewig den Keim zu Spannungen zwischen Theorie und Wirklichkeit in sich, die einmal so stark werden müssen, daß sie nur zu gewaltsamen Entladungen führen können. Alle Einheitsstaaten sind prädestinierte Revolutionsherde; den Beweis dafür liefern die romanischen Staaten, voran Frankreich und Italien. Der Einheitsstaat abstrahiert aber auch von den Erdräumen, auf denen er sich ausbreitet, und von den Bevölkerungen, die unter seinem Schutz diese Erdräume bewohnen. Rein gedanklich konstruiert trägt der Einheitsstaat überall im wesentlichen den gleichen Charakter, wie er ja denn auch ganz mechanisch von Land zu Land übernommen worden ist. Aber auch dadurch wird er zu einem utopischen Staatsideal, das immer wieder mit den gegebenen Wirklichkeiten in Konflikt gerät. Auch insofern verbürgt er eine ruhige Entwicklung des staatlichen Lebens ebensowenig wie die dauernde Wohlfahrt einer Bevölkerung, die viel mehr um des Staates, als der Staat um ihretwillen da zu sein scheint. Aus ihm ist jene Hypertrophie des Staatsbegriffes erwachsen, die mit dem Dogma von der Staatsallmacht und mit dem Grundsatz „Keinen Staat im Staate!" alles gesunde schöpferische politische Eigenleben innerhalb der Reichs- oder Staatsgrenzen ertötet und schließlich den Staatsbegriff selbst sich überschlagen und zerstören läßt.

Der Partikularismus war die Signatur des österreichischen Deutschlands (1815—1866), der Unitarismus beherrschte das preußische Deutschland (1866—1919). Beide sind zusammengebrochen. Sorgen wir dafür, daß aus ihren Trümmern endlich erstehe das Deutschland des Föderalismus, das Deutschland des Bundes der deutschen Stämme, das deutsche Deutschland!"

Der gleiche Verfasser sagt in einer Proklamation des von ihm ins Leben gerufenen deutschen Föderalistenbundes (D. F. B.):

Der Bund „verwirft für das neue Deutschland die fremdländische (romanische) Schablone eines von oben her künstlich konstruierten zentralisierten und zwangsmäßigen Einheitsstaates mit seiner zum Staatskultus gesteigerten Überspannung (Hypertrophie) des Staatsbegriffes, seiner Ausschließlichkeit nach außen und innen im Sinne einer unbeschränkten (absoluten) Souveränität, seiner behördlichen Gängelung und öden Mechanisierung des gesamten Volkslebens und seiner Geringschätzung heimatlichen Wesens.

Der D. F. B. verwirft in gleicher Weise den aus der einheitsstaatlichen Entwicklung der deutschen Einzelstaaten hervorgegangenen eigenbrödlerischen Partikularismus als eine Entartungserscheinung am politischen Körper Deutschlands.

Der D. F. B. fordert für das neue Deutschland einen den natürlichen (geo- und ethnopolitischen) und geschichtlichen (kultur- und staatspolitischen) Bedingungen seines eigenen Landes und Volkstumes und den Grundlagen wahrer Volksfreiheit entsprechenden organischen und lebensvollen Aufbau von unten herauf durch die Konzentration der Kräfte in der auf dem Recht beruhenden bündischen (vertragsmäßigen) Form innerlicher Einigung."

Dementsprechend erkennt der deutsche Föderalistenbund einerseits die Notwendigkeit einer starken Reichsgewalt an, fordert aber gleichzeitig für die einzelnen deutschen Stämme „den S t a a t s c h a r a k t e r durch Anerkennung ihrer Selbständigkeit und Hoheit auf den Gebieten der Gesetzgebung und Verwaltung, der Ordnung der Agrarverhältnisse, der Ausführung der Reichsgesetze durch einheimische Beamte, der Kulturpolitik und Rechtspflege und ihres Rechtes, sich überhaupt in einer ihren besonderen landschaftlichen und kulturellen Bedürfnissen entsprechenden Weise freiheitlich und volkstümlich zu regieren. Die Finanzhoheit der deutschen Einzelstaaten ist deshalb in dem hierfür erforderlichen Umfange alsbald wiederherzustellen."

Die Germania (v. 5. III. 1919 Nr. 105) sagt:

„Heute, wo Krieg und Revolution aus dem einst so stattlichen Bau des Deutschen Reiches kaum mehr als eine Ruine übrig gelassen haben, da darf man nicht auch noch daran gehen, die letzten stehenden Stützen, die das Reich an den Gliedstaaten hat, umzustürzen".

Schon vor dem Kriege huldigten wir einer Überschätzung der Zentralisation, des Rationellen, des Vorteilhaften; wir glaubten unser ganzes Staatswesen auf die bloße Militär- und Wirtschaftsmacht stellen zu können und büßten dabei die geistige Macht ein, die allein imstande ist, Bausteine zu liefern zu wahrer Kultur.

Konst. Frantz sagt schon 1873 über die Aera Bismarck:

„Sein Kanzlerrat läßt keinen Ministerrat zu. Er kann wirklich keinen Kollegen gebrauchen; was er bedarf, sind vielmehr Kommis für die verschiedenen Zweige des Geschäftes, dessen Chef er ist. Je länger dieses Regime besteht, umsomehr müssen alle politischen Charaktere verschwinden, und wenn es einmal zusammenbrechen sollte, so wird man vergebens nach Staatsmännern suchen, weil sich keine bilden konnten." [1])

Mit Recht weist auch Förster daraufhin, daß zwar mit der Persönlichkeit des eisernen Kanzlers ein Willenselement von außerordentlicher Wucht in die deutschen Angelegenheiten eingegriffen habe, aber nichts sei irrtümlicher als die Vorstellung, daß damit auch gleichzeitig eine wirkliche Hinwendung der Nation zu politischer Tatkraft erfolgt sei und daß diese Aera eine wahrhaft aufrüttelnde Erziehung des Deutschen zum politischen Willensleben bedeutet habe.

„Ganz im Gegenteil: Nichts hat uns so passiv gemacht als die Art, wie hier eine einzelne rücksichtslose diktatorische Willenskraft herrschte, der sich das Volk, statt politisch selbst tätig zu werden, bedingungslos unterwarf. Eine Regierungsmaschine wurde geschaffen, bei der sich alle Gewalt in einer Person konzentrieren mußte."

Jenen Kraft- und Machtmenschen, die in dem zentralistischen Einheitsstaat alles Heil erblicken, ist aber auch ein Mangel an Verständnis für die mehr geistigen und moralischen Imponderabilien einer wirtschaftlichen und seelischen Wiederherstellung eigentümlich; sie glauben nicht an die politische Bedeutung ideeller Faktoren.

So vergißt man, daß auch das Valutaproblem eine Vertrauenssache ist. „Was nützt alle Ersparnis durch Zusammenfassung der gesamten Finanz- und Wirtschaftspolitik, wenn doch durch solchen, der ganzen Welt verhaßten und verdächtigen Zentralismus die wertvollsten Faktoren des Güteraustausches und der Kreditierung ausgeschaltet werden."

Innerpolitisch ist der föderative Einheitsstaat wirksamer, leistungsfähiger und schöpferischer als der Zentralismus. Die föderalistische Einheit ist aufgebaut auf der Freiheit der Volkspersönlichkeit. Darum ist sie die höhere Organisationsform, die mehr Dauer und Stärke verspricht, als der durch Gewalt und Abstraktion herbeigeführte Zentralismus.

„Aber nicht um der Freiheit, sondern eben um des Födus willen soll dem Eigenleben der größte Spielraum gesichert werden. Es ist eine biologische Wahrheit, daß gerade in den frei sich auswachsenden Lebenskräften, wenn sie ihres Spielraumes sicher sind, ja wenn sich der Organisator gar als ein Förderer

---

[1]) Frantz, Bismarckianismus und Friederizianismus. München 1873.

ihrer Eigenart bewährt, das Bedürfnis nach Ergänzung und Erweiterung des eigenen Seins in elementarer Stärke hervorbricht und dem Gemeinschaftsgedanken die tiefste Freiwilligkeit gewinnen wird. . . . Gewiß ist Zentralismus leistungsfähiger als Partikularismus, aber Föderalismus ist wiederum leistungsfähiger als Zentralismus". [1]). Der föderalistische Einheitsstaat garantiert in Wirklichkeit eine stärkere Geschlossenheit und Einheit als der Zentralismus. Der Föderativgedanke ist, wie schon der Name andeutet, „nicht nur kein Prinzip der Auflösung, sondern vielmehr eine Methode weit vielseitigerer und innerlicherer Einigung als sie der mechanische Zentralismus hervorzubringen vermag, dessen uniformierende Neigung stets aufs Neue die gereizte Gegenwehr der vergewaltigten Eigenarten hervorbringen muß . . . So ist es durchaus irrtümlich, von der föderalistischen Propaganda, weil sie sich gegen den mechanisierenden Zentralismus richtet, nun etwa eine zersetzende Wirksamkeit, eine Begünstigung der Eigenart und des Eigenrechtes auf Kosten der Ordnung, der Einheit und der Organisation zu befürchten. Ganz im Gegenteil dürfen die Vertreter des föderalistischen Prinzips auf Grund aller geschichtlichen Erfahrung und aller soziologischen und psychologischen Feststellungen von der Verwirklichung ihres Programms eine Organisationskraft weit höherer und dauerhafterer Art erwarten, als von der zentralistischen Maschinerie ausgehen kann . . . Seinem innersten Sinn und Wesen nach hat die Sicherstellung der Eigenarten doch gerade den Zweck, das Streben nach Abspaltung und Isolierung zu überwinden, das durch jede mechanische Einheitsform unvermeidlich erregt wird."[2]) Nur so kann die Freude am Ganzen vermehrt oder erst richtig geschaffen werden und eine Einigung von innen statt bloß von außen her erzielt werden.

Aber auch außenpolitisch ist das Föderativprinzip zweckmäßiger als der starre Zentralismus.

Deutschland in seiner von allen Seiten her eingeschlossenen Lage ist besonders in seinen Randgebieten auf regen Verkehr mit den Nachbarländern angewiesen. „Darum war die deutsche Peripherie und nicht die deutsche Mitte das eigentliche Organ des deutschen Lebens . . . Der Glaube an die allein rettende Leistungskraft des Berliner Zentralismus ist gerade inmitten der gegenwärtigen internationalen Lage Deutschlands das Zeichen eines ganz abstrakten Denkens". [2]) „Neues Blut kann daher in den deutschen Körper nur vermittelst der deutschen Peripherie kommen, d. h. durch ein zu einem wirklichen Eigenleben ausreichendes Maß von Selbständigkeit der Länder. Das Deutsche Reich muß in seinem staatsrechtlichen Aufbau so gestaltet werden, daß es für ein Volk begehrlich erscheint, ihm anzugehören". Es liegt doch klar auf der Hand, daß *ein preußisch-deutscher Zentralismus alles andere als Anziehungskraft auf Randstaaten und Nachbarländer ausüben wird. Ein Reich, das des wahren föderativen Fundamentes entbehrt und damit nicht die Möglichkeit freier, selbständiger Entwicklung bietet, wird niemals zum Mitbewohnen einladen.* Förster weist mit Recht darauf hin, daß ein solcher zentralisierter Einheitsstaat in dem Augenblick völlig ratlos sein würde, wo föderative Möglichkeiten und Aufgaben

---

[1]) Förster a. a. O. S. 333, 313 ff.
[2]) Förster a. a. O. Seite 317 ff.

an ihn herantreten, die doch der Natur des europäischen Zentrallandes entsprechen. Allerdings war der nach französischem Vorbild von Bismarck geschaffene preußisch-deutsche Einheitsstaat in seiner schematisierenden Starrheit garnicht für solchen Zusammenschluß eingerichtet und Bismarck vermochte ihn auch garnicht in sein politisches Denken einzuordnen. Wir haben es an Elsaß in einem praktischen Beispiel erlebt. „Elsaß war völkerpsychologisch durch und durch eine Schöpfung des alten übernationalen föderalistischen deutschen Reiches: dieser Volksstamm entwickelte sich geradezu zu einem Organ für die Vermittelung deutscher und französischer Kultur; seine kulturellen Sympathien waren infolgedessen zwischen französischem und deutschem Wesen geteilt und diesem alten Organ des völkerverknüpfenden Reiches mutete man nun plötzlich preußische Germanisierung und einen deutschen Zentralismus zu! Begreiflich gewiß vom Boden des Nationalstaates aus — aber völlig im Widerspruch mit der deutschen Geschichte und eben darum auch der Ausgangspunkt verhängnisvollster Schwierigkeiten und Verwicklungen." [1])

So stellt der zentralistische Einheitsstaat nichts anderes dar als eine Verfälschung wahrhaft deutschen Wesens, ein Außerachtlassen bester alter Reichstraditionen.

Klagend schreibt der schwäbische Philosoph K. Chr. Planck in seinem Testament eines Deutschen „1881":

Ein scharfes Gefühl geht jetzt durch die Völker, daß jener frühere menschliche kosmopolitische Mittelpunkt verschwunden ist, daß auch der Deutsche zum scharf und spröd nationalen Ganzen sich zusammengeschlossen hat, ja, daß gerade er zum Anlaß geworden ist für die einseitigste, gesteigertste und drückendste Form militärisch-nationaler Zusammenfassung. Wenn nun ein derartig universalistisches, schon seiner natürlichen Lage nach zentrales Volk im schärfsten Gegensatz zu seiner früheren Geschichte sich zum reinen Nationalstaat zusammenfaßt und für alle andern zum Vorbild gesteigertster militärischer Rüstung wird, was anders kann in einer Zeit erhöhtesten Nationalstrebens die Folge sein, als schließlich der umfassendste Zusammenstoß? . . . Aufgehen wird unter Blut und Tränen die Einsicht, daß nimmer der bloße Nationalstaat und seine Erwerbsgesellschaft Frieden und Versöhnung zu geben vermag."

Gottfried Keller schreibt an Julius Rodenberg (22. Juli 1882):

„Gerade in Zeiten fortschreitender Unifikation und Reichsherrschaft kann es erfrischend wirken, wenn die landschaftlichen Elemente nicht untergehen und die eigentlichen Heimatgenossen noch ihre spezielle Freude aneinander haben. Leuten, die nie ein Land, ein Tal ihrer Kindheit, ihrer Väter besaßen, kein Heimatgefühl haben, geht gewiß auch als Staatsbürger etwas ab."

v. Gagern stellte als Ideal auf, daß Kraft im Ganzen und freie Bewegung in den einzelnen Gliedern zugleich vorhanden seien, damit „die Lebenssäfte der Nation gleichmäßig durch alle Venen und Arterien des großen Bundesstaatskörpers fließen."

---

[1]) Förster a. a. O. S. 317 ff.

So sehen wir, wie der „föderative Einheitsstaat", den wir erstreben, kein Widerspruch in sich ist, wie er vielmehr den gerechten Ausgleich zu schaffen vermag zwischen Eigenart und Einheit, Selbständigkeit und Gemeinschaft; wie er Stammesgeschichte und Reichsidee ermöglicht. Staatsrechtlich stellt er ohne Zweifel ein höheres Organisationsprinzip dar, als es die absolute, rein technische und nivellierende Einheit ist. „Er wahrt Würde und Freiheit des Einzelwesens, also auch der Volkspersönlichkeit und erfüllt gleichzeitig die ebenso wichtige Aufgabe, diese stark und lebendig erhaltende Eigenart dem Gesetz der Gemeinschaft zu unterwerfen." Frantz.

IV. Hindernisse für die Wirksamkeit des föderativen Einheitsstaates.

Es ist eine merkwürdige Tatsache, daß allenthalben, so auch in dem eingangs erwähnten Antrag der Preußischen Landesversammlung, die Rede ist von der Schaffung des Einheitsstaates, während wir doch sahen, wie durch die Weimarer Verfassung und die nachfolgenden reichsgesetzlichen Maßnahmen die Grundpfeiler für den Einheitsstaat längst aufgerichtet sind. Es müssen also noch Tatsachen vorliegen, die verhindern, daß der durch die Verfassung fest verankerte Einheitsstaat auch praktisch bereits voll zur Auswirkung gelangt.

Bei näherer Prüfung sehen wir denn auch, daß wir bis jetzt nur erst den Oberbau des Einheitsstaates haben, während ihm die organische Untergliederung noch fehlt. Der Einheitsstaat ist von oben her durch die Verfassung in Angriff genommen worden, während die Untergliederung unverändert blieb. Nach der Absetzung der regierenden Landesfürsten blieben im übrigen die Bundesstaaten unverändert, soweit ihnen das Reich nicht Rechte entriß. Es ist aber klar, daß eine so gründliche Änderung des Oberbaues auch eine organisatorische Umgestaltung des Unterbaues notwendig macht. Wir wollen die Länder als Gliedstaaten erhalten sehen, aber ihre Organisation muß besser als heute der des umgestalteten Reiches angepaßt werden, damit die Zahnräder des Uhrwerkes wieder richtig ineinandergreifen. Wir haben zwar einen bayrischen, württembergischen usw. Unterbau, aber dieser ist noch nicht richtig angegliedert dem veränderten und verstärkten Reichsoberbau. Die Länder sollen so selbständig bleiben, wie es mit einer starken Reichsgewalt verträglich ist, aber sie sollen mit ihrer Arbeit genau dort einsetzen, wo das Reich sie an die Länder zur weiteren Selbstverwaltung abgibt. Heute fehlt es noch an dieser Ausgleichung der Kompetenzen, und daher das Nebeneinander und Gegeneinander auf den einen Gebieten, der leere Raum zwischen Reichsarbeit und Landesarbeit auf den anderen Gebieten.

So fehlt es dem Reich namentlich auf den Arbeitsfeldern, die ihm neuerdings zugewiesen worden sind, geradezu an dem notwendigen organischen Unterbau zur Durchführung der entsprechenden Verwaltungsmaßnahmen. Worauf es also in erster Linie ankommt, ist nicht so sehr eine weitere Verstärkung der Zentralgewalt des Reiches als vielmehr Anpassung der Untergliederung an die geschaffene Zentralgewalt.

Wenn wir nun fragen, wie es möglich ist, daß neben der Schaffung des Oberbaues für den Einheitsstaat die Anpassung der Untergliederung an diesen veränderten Oberbau so sehr vernachlässigt werden konnte, so stoßen wir auf zwei Ursachen:

Zunächst haben die Unitaristen so einseitig immer nur auf die Ausgestaltung der Zentralgewalt hingewirkt, daß auch der Blick derer, die an sich den Unterbau organisch gegliedert erhalten wollen, von der Arbeit an diesem Unterbau ganz abgelenkt wurde. Man glaubte, daß, wenn in der deutschen Verfassung die Kompetenzen des Reiches eine entsprechende Verstärkung erführen, dann würde das andere sich von selbst ergeben.

Aber noch ein zweiter Grund hielt von der Inangriffnahme der Anpassung des Unterbaues ab. Man sah keinen Weg hierzu, weil der bestehende Unterbau in sich so unharmonisch gegliedert ist, daß es unmöglich ist, ihn ohne eingreifende Veränderung in organische Verbindung zum Einheitsstaat zu setzen.

Der Einheitsstaat, der alle Glieder zusammenfassen soll, setzt in seinem Wesen voraus, daß diese Glieder in einem gewissen harmonischen Verhältnis zu ihm und zueinander stehen. Das ist in Deutschland nicht der Fall, indem hier Preußen tatsächlich immer noch eine Sonderstellung einnimmt.

V. Notwendigkeit der Zerlegung Preußens.

Preußen hat auch nach dem Friedensschluß immer noch ca. 40 Millionen Einwohner von etwa 60 Millionen Reichseinwohnern, und sein Gebiet umfaßt etwa $^2/_3$ des Reichsgebietes.

„Im Bau des Deutschen Reiches war Preußen", so schrieb bereits am 10. Dezember 1918 in der Allgemeinen Zeitung der frühere Preußische Oberpräsident v. Batocki, „vom Standpunkt der Reichseinheit betrachtet stets ein politischer Fremdkörper." Und mochte der alte preußische Partikularismus vor 1914 noch zulässig erscheinen in der Hoffnung, durch Preußen zur Einheit in Deutschland zu gelangen, so ist dieser Aussicht heute endgültig der Boden entzogen und damit die preuß. Vormacht widersinnig geworden.[1])

Das jetzige Preußen wird an sich zwar auch betroffen von der Einschränkung der bundesstaatlichen Rechte. Ferner hat es die Sonderprivilegien verloren, durch die Bismarck mit Bewußtsein eine Hegemonie für Preußen festsetzte und durch die es imstande war, im Bundesrat seinen Willen gegen den Willen aller anderen Bundesstaaten durchzusetzen. Geblieben aber ist das natürliche Übergewicht, das Preußen dadurch besitzt, daß es auch heute noch an Bevölkerungszahl und Landausdehnung größer ist als alle anderen deutschen Bundesstaaten zusammen. Geblieben ist auch die aus der früheren Vorzugsstellung Preußens herrührende Durchsetzung der Reichsleitung mit preußischen Beamtenpersönlichkeiten und Verwaltungsmethoden. Preußen als straffer Einheitsstaat wird mit seinen $^2/_3$ vom Ganzen stets stärker sein als der viel weniger straff gespannte Reichskörper. „So würde Preußen trotz Fortfall seiner bisherigen rechtlichen Vorzugsstellung, wenn es seinen jetzigen Umfang behielte, immerhin groß genug bleiben, um für den reibungslosen Gang der Geschäfte auch weiterhin eine Gefahr zu bedeuten, und die Möglichkeit läge nicht ganz fern, dass an die Stelle der Behinderung des Reiches durch die im preußischen Landtag und in der preußischen Verwaltung allmächtige Junkerschicht eine undemokratische Beeinflussung ganz entgegengesetzter, aber deshalb nicht minder empfindlicher Art treten könnte."[2])

Vermittels dieser Tatsachen und seiner in der Reichshauptstadt befindlichen Regierung, sowie seiner auf die Vorherrschaft

[1]) Vergl. auch Schmittmann, Das neue Deutschland. Köln. Ztg. v. 7. Jan. 1919, Nr. 15.

[2]) Frankfurter Zeitung 12. Dezember 1918.

in Deutschland gerichteten Tradition wird Preußen immer eine Nebenregierung im Reich darstellen, die den föderativen Einheitsstaat nicht zur Auswirkung kommen läßt.[1]) Der Berliner Zentralismus bleibt immer ein preußischer Partikularismus.

Wie der Bestand Preußens nach oben gegenüber dem Reich störend wirkt, so auch nach unten gegenüber den anderen Einzelstaaten. Diese sind aber heute weniger denn je gewillt, eine Hegemonie Preußens zu dulden, weil der verlorene Krieg als ein preußischer betrachtet wird und weil andererseits Preußen heut nicht mehr als Gegenleistung für seine Vorherrschaft militärischen Schutz gewähren kann. „Preußen ist eine Grundursache der politischen Leiden unserer jüngsten Vergangenheit .... ein unerträgliches Hemmnis nach außen wie innen.“ (Denkschrift zur Reichsverfassung.) So sind denn die anderen Länder nicht geneigt, die notwendige Angliederung an den verstärkten Reichsoberbau zu bewerkstelligen, solange sie fürchten müssen, daß im Reich der preußische Einfluß zu stark sein werde, so daß ihre festere Verschmelzung mit dem Reich nur ihre Verpreußung bedeute.[2])

Demzufolge gibt es zur wirklichen praktischen Durchsetzung des theoretisch vorhandenen Einheitsstaates nur zwei Wege: entweder den lebenzerstörenden, von uns abgelehnten Zentralismus, der eben jede Untergliederung, damit auch die preußische, vernichtet, oder aber die Aufteilung Preußens in Länder von einer Größe, die den

---

[1]) Welch ein Unsinn das Nebeneinander und Gegeneinander zweier Großparlamente in Berlin, das eine für 40 Millionen, das andere für 60 Millionen, so daß also für dieselben 40 Millionen 2 Parlamente an derselben Stelle vorhanden sind.

[2]) Es genügt nicht, in die Berliner Zentrale hier und da einen Süddeutschen aufzunehmen. Unter dem Eindruck der imponierenden Maschinerie des nordischen Organisationsbetriebes ändern selbst diese erfahrungsgemäß nur zu schnell ihre Art oder werden gar noch preußischer als die Preußen.

Wie stark die Gefahr der Verpreußung für die übrigen Gliedstaaten immer war, geht daraus hervor, daß schon König Friedrich August von Sachsen in seinem Schreiben vom 24. 3. an Friedrich Wilhelm IV. kein Hehl daraus machte, die Worte: Preußen gehe in Deutschland auf seien von den Fürsten so verstanden worden, als ob die deutschen Einzelstaaten in Preußen aufgehen sollten. (Zit. b. Meinecke a. a. O. S. 344.)

„Preußen als Preußen kann gar keine politische Macht oder politische Verfassung haben, sondern nur als Reichsoberhaupt.“ (Bunsen an Kamphausen, Zit. b. Meinecke, a. a. O. S. 352.) v. Gagern wollte zwar 1848 den König von Preußen zum Kaiser des Bundesstaates machen, zugleich ihn aber loslösen von seiner unmittelbaren preußischen Basis und Preußen auflösen in eine Reihe ungefähr gleich großer Territorien, so daß dann, um mit seinen eigenen Worten zu sprechen, „jedes Territorium für sich einen, einer zweckmäßigen administrativen Einteilung des ganzen Bundesstaates entsprechenden Verwaltungsbezirk“ bilden könnte. Meinecke, a. a. O., S. 338.

übrigen Gliedstaaten möglichst angenähert ist, also Zerlegung in etwa 4 bis 5 Länder, die dann gleichberechtigt neben den süddeutschen stehen und sich mit diesen gemeinsam in den Einheitsstaat einordnen.[1]) Es ist selbstverständlich, daß mit einer solchen Zerlegung eine Zusammenlegung der Zwergstaaten Hand in Hand gehen müßte, die immer mehr als eine verwaltungstechnische Notwendigkeit erkannt wird.

Es kommt also jetzt vor allem an auf eine Ausgleichung der Größenunterschiede der einzelnen Bundesstaaten: die allzu kleinen müssen zusammengelegt und das zu große Preußen muß zerlegt werden in Länder, die den süddeutschen Staaten an Größe entsprechen.

Die bloße Größe nach Quadratmeilen oder Volkszahl ist nicht entscheidend, noch auch etwa erforderlich, daß die Staaten von absolut gleichem materiellen Gewicht seien. .... „Immer aber darf die Disproportion nicht allzu groß sein, sonst wird die rechtliche Gleichheit der Glieder in der Praxis illusorisch. .... Der Löwe und die Maus können sich nicht konföderieren. ....“[2])

Der Aufteilung Preußens stehen keine völkischen Bedenken entgegen. Ein preußisches Volkstum, das zusammenfiele mit den politischen Grenzen Preußens, gibt es nicht. Das Band, das diese Länder in Preußen bis dahin zusammenhielt, ist heute zerrissen: Monarch, Militär, Beamtenschaft. Das letztere Mittel der Zusammenschweißung hatte schon in den neuen preußischen Provinzen nicht Wurzel geschlagen; es mußte erst recht versagen in dem Augenblick, wo das Selbstbewußtsein des deutschen Volkes und seiner Stämme

---

[1]) Um zu einem wahren Einheitsstaat mit organischer, einheitlicher Untergliederung zu kommen, genügt also nicht der von der Preußischen Regierung erwogene Plan, die Preußische Zentralregierung zu erhalten und nur den Provinzen eine etwas gesteigerte Selbstverwaltung zu geben.

[2]) Frantz a. a. O. S. 232. Friedr. v. Gagern stellte 1833 ein Schema des Bundesstaates auf, wie er sein soll. — „Denkschrift vom Bundesstaat:“ Vergl. Brie, der Bundesstaat I, 54.

„Es ist nicht erforderlich, doch wünschenswert, daß die Staaten, welche sich einer gemeinschaftlichen Oberstaatsgewalt unterwerfen, an Größe und Macht nicht zu sehr unter sich verschieden seien, weil sonst der oder die Wichtigsten leicht so großen Einfluß und so starkes Übergewicht erhalten, daß die anderen Genossen sich unterdrückt fühlen oder glauben, daß ihre Interessen denen der größeren aufgeopfert werden .... Vor allem ist dafür zu sorgen, daß zwischen Reichs- und Landständen kein Antagonismus entsteht, denn dieser würde die Regierung sehr erschweren und die Eintracht gefährden.“ (Meinecke, a. a. O., S. 337).

neu erwachte, wo der Obrigkeitsstaat sich in den Selbstverwaltungsstaat umwandelte. Die preußische Regierung selbst gibt es zu: „Wenn jetzt die Abbröckelungsbestrebungen von Preußen sich regen, so sind sie ein Beweis dafür, daß preußische Staatskunst es nicht vermocht hat, ein innerlich unzerreißbares Band zwischen dem Ganzen und seinen Gliedern zu knüpfen.“[1]) Nur in dem Preußen rechts der Elbe vermögen wir ein homogenes Gebilde zu erblicken; in diesen östlichen Provinzen hat Preußen seinen eigentlichen Boden, hier bestehen natürliche Zusammenhänge, nicht nur geographische, sondern auch ethnographische und geschichtliche. Alles andere ist ihm wesensfremd und bis auf den heutigen Tag wesensfremd geblieben; als Ganzes ist Preußen ein künstliches Gebilde.[2]) „In einer großen deutschen Volksrepublik hat das alte Preußen, das Werk heroischer, aber geschichtlich nun überwundener Kräfte keine Existenzberechtigung mehr,“ so führt der Historiker an der Universität Berlin, Meinecke, der klassische Geschichtsschreiber preußischen Wesens und preußischer Eigenart, im Januarheft 1919 der „Neuen Rundschau“ aus. Und er fährt fort:

„Der preußische Einheitsstaat, seines Lebensprinzips und seiner Rechtfertigung beraubt, kann sich gar nicht mehr auf die Dauer behaupten. Der Gegensatz ostelbischer und westelbischer, großindustrieller und agrarischer Interessen würde es — auch nach durchgeführter Agrarreform des Ostens — in sich selbst lähmen. Viel gesunder wäre es, diese Gegensätze innerhalb des gesamtdeutschen Rahmens zu ertragen und auszutragen. . . . . .“

„Die alten Stammprovinzen Brandenburg, Pommern und Ostpreußen werden mit Westpreußen und Deutsch-Posen zusammen eine natürliche Gemeinschaft und vielleicht immer noch den an Bevölkerung stärksten Staat bilden können; daneben dazu dann ein selbständiges Schlesien. Weiter werden Niedersachsen mit

---

[1]) Begründung zu einem Gesetzentwurf über die Erweiterung der Selbstständigkeitsrechte der Provinzialverbände.

[2]) „Aber selbst zugegeben, Österreich paßte einmal nicht zu einer lebendigen deutschen Föderation, so paßten gewiß Hannover und Hessen um so besser dazu. Warum mußten diese Länder erst preußisch gemacht werden, wenn doch der eigentliche Zweck die Begründung eines neuen Deutschland war? Gerade als ob der Weg zum Deutschtum durch das Preußentum hindurch ginge, wie denn auch die damals von Preußen der Annexion wegen erlassene Proklamation wirklich erklärte: dieselbe sei notwendig gewesen, um der deutschen Entwicklung eine breitere Basis zu verschaffen. Das neue Deutschtum ruht also auf dem Preußentum, dieses war das prius, jenes das posterius. Tazitus hätte seiner Germania erst eine Borussia vorausschicken sollen.“ Frantz S. 256.

Schleswig-Holstein, Rheinland-Westfalen und Hessen-Nassau zu zwei oder drei staatlichen Körpern sich konzentrieren können. . . . .“

„Auch in den Rheinlanden ist die Bewegung, soweit sie nur ein „Los von Preußen“ bezweckt, anzuerkennen und darf als Ausdruck eines ganz natürlich und organisch sich jetzt regenden Instinktes gelten.[1]) Ein kräftiger Anstoß zur Lösung des Problems aber wird wohl auch von der deutschen Nationalversammlung ausgehen müssen, weil es nun einmal ein gesamt-deutsches Problem ist.“

So ist in der Tat „das alte Preußen tot, das in den Rheinlanden wie anderswo trotz tüchtigster, ehrlichster Arbeitsleistung nichts als Abneigung gegen sich aufgehäuft hat.“[2])

Schon Freiherr v. Stein schreckte wenigstens im Prinzip vor dem Gedanken nicht zurück, Deutschlands Einheit durch Preußens Auflösung zu erkaufen. „Mag es denn“, schrieb er 1809, „unbedauert und ohne Nachruhm untergehen.“[3])

Das alte Preußen muß verschwinden, damit seine Provinzen so zusammengelegt werden, wie es dem Willen der Bevölkerung entspricht und es der wirtschaftlichen und kulturellen Höchstleistung dient, um dann als Länder dem Einheitsstaat eingegliedert zu werden.

Wenn dieser Forderung entgegengehalten wird, daß es verfehlt sei, einen so eingearbeiteten und leistungsfähigen Großapparat wie die preußische Verwaltung in Stücke zu schlagen, so wird „mit dieser Argumentation die Diskussion auf ein ganz falsches Gleis geschoben; denn in Wahrheit handelt es sich keineswegs darum, den preußischen Verwaltungsapparat zu „zerschlagen“, sondern ihn lediglich in den zur Dezentralisation geeigneten Beziehungen auf kleinere Verbände zu verteilen, im übrigen aber einfach auf das Reich zu überführen.“[4])

Wenn ferner entgegengehalten wird, daß Preußen besondere Eigenschaften innewohnen[5]), die unentbehrlich sind zum Wieder-

---

[1]) Wrede, Rhein. Volkskunde, Lp.z 1919. „Obwohl nach der Auflösung des Frankenreiches politisch beinahe 1000 Jahre zersplittert . . . bildeten dennoch die mittel- und niederfränkischen Länder am Rhein eine Einheit im wirtschaftlichen und geistigen Leben, auch im Volksrechtsleben . . . . . . Rheinisch ist darum des Volkes und seines Lebens vornehmste Bezeichnung, die zugleich die verschiedenen fränkischen Landes- und Volksteile auch äußerlich einigend zusammenfaßt.“

[2]) Frankfurter Zeitung v. 10. Juli 1919.

[3]) Meinecke, Weltbürgertum und Nationalstaat, S. 324.

[4]) Frankfurter Zeitung vom 7. 9. 1919 Nr. 664.

[5]) „Indem das Preußentum die deutsche Vergangenheit von sich stieß, waren ihm damit auch zugleich die großen Ideen entschwunden, welche dem

aufbau, so wollen ja auch wir Preußen in seinem Kern erhalten sehen, wollen sogar, daß es zu erhöhter Wirksamkeit gelange durch die Befreiung von dem Ballast der ihm wesensfremden Landesteile. Preußen, soweit es eben ein innerlich zusammengehöriges Gebiet ist, soll dieselben Souveränitäts- und Selbstverwaltungsrechte behalten, die die anderen Landesteile auch für sich in Anspruch nehmen. Nicht weniger, aber allerdings auch nicht mehr.

Das Wichtigste ist das Gedeihen des Ganzen, das Gedeihen des Einheitsstaates, des Reiches. Dies aber kann nicht zur vollen Auswirkung kommen, solange das Reich in seinem Aufbau ein geschichtlich — ungeschichtliches Zufallsprodukt bleibt, dessen Unterglieder im Gemengelager durcheinandergeschüttet daliegen, die sich nur widerstrebend dem überstarken Einfluß des größten Staates beugen. Unser Einheitsstaat soll uns der deutsche Staat sein, der unter Anpassung an die Geschichte, die Stammesgefühle und die wirtschaftlichen Lebensbedingungen die wahre Organisation des deutschen Volkes darstellt.[1])

VI. Materialien zu der Notwendigkeit einer Aufteilung Preußens.

Die Bestrebungen einer Zerlegung Preußens beschränken sich keineswegs auf eine einzelne Partei; sie wird befürwortet von Angehörigen der verschiedensten Parteien.

---

ehemaligen Reiche zugrunde gelegen hatten. Und wie kleinlich nahmen demgegenüber sich die preußischen Zwecke aus! Dem Preußentum galt es ja freilich als ein großes, ein deutsches Ländchen nach dem anderen zu erwerben, aber was bedeutete das für die innere Weltstellung Deutschlands, welches dabei nur um so mehr seiner inneren Auflösung entgegengeführt wurde? So war die Preußische Geschichte wohl eine Schule der Arbeitsamkeit und Ordnungsliebe .... aber die Geister auf hohe Ziele zu richten, vermochte sie nicht, sie lenkte weit davon ab. Und dementsprechend sahen wir ja, wie das heutige preußisch-deutsche Reich, in welchem nun der Geist zur Herrschaft gekommen, der sich durch die preußische Staatsgeschichte entwickelt hatte, von dem Weltberuf des ehemaligen Reiches rundweg abstrahierte." Frantz a. a. O. S. 418. Förster sagt über den Preußischen Volksstamm: „Ein in stetem Grenzkrieg und in der Kolonisationsarbeit gehärteter und vom alten reichen Kulturboden losgelösten Typ, der sich mit dem slavischen Typ des Koloniallandes vermischte, mit jener ideenlosen, aber nüchternen und betriebsamen Rasse; so verband sich rationalisierender Herrengeist mit slavischer Gefügigkeit. Eine „Eindeutschung" gelang nicht, vielmehr verwandelte der Preußische Typ alle ihm zuströmenden altdeutschen Kulturelemente in Motoren für die große kollektive Leistung des Militärstaates." Förster Weltpolitik und Weltgewissen S. 153.

[1]) Damit würde sich das vollenden, was Constantin Frantz nach dem glorreichen Kriege von 1870-71, als das Reich der großen Masse fester als je gefügt

Der erste Entwurf einer Reichsverfassung erstrebte in Artikel 11 die Aufteilung Preußens. So heißt es in der amtlichen Denkschrift zu diesem Verfassungsentwurf: „Das Kernproblem der künftigen inneren Gestaltung Deutschlands bildet die Frage nach dem Fortbestand eines preußischen Einheitsstaates innerhalb der deutschen Republik. Die Entscheidung dieser Frage wird durch geschichtliche Erinnerungen und damit verknüpfte starke Gefühlsmomente sehr erschwert, nicht minder durch das feste administrative Gefüge dieses einzigen deutschen Großstaats, das durch die Revolution zwar gelockert, aber keineswegs gelöst ist. Auch hier hat die Revolution an Stelle der Widerstände, die sie beseitigt hat, neue Widerstände im Sinne des für die deutsche Einheit gefährlichsten aller Partikularismen, des preußischen erstehen lassen. Es wäre gewiß eine ungemeine Erleichterung für das neue Verfassungswerk, wenn es darauf verzichten könnte, diese heikle und gefährliche Frage anzupacken; jedoch würde dieser Verzicht zugleich die Verpfuschung des neuen Verfassungswerkes selbst bedeuten. Denn der Fortbestand einer einheitlichen Republik von 40 000 000 Einwohnern innerhalb einer von ihr organisatorisch getrennten Republik von zusammen etwa 70 000 000 Einwohnern ist schlechthin eine staatsrechtliche, politische und wirtschaftliche Unmöglichkeit.

Das Königreich Preußen hat im wesentlichen mit seinen Machtmitteln das deutsche Kaisertum geschaffen; und solange der Bau des Reiches auf der Grundlage dieser Machtmittel ruhte, fand diese politische Tatsache ihren staatsrechtlich entsprechenden Ausdruck in der Struktur der preußischen Reichsverfassung, deren dynamisches Lebensprinzip die teils verhüllte, teils unverhüllte Hegemonie Preußens in Deutschland war. Auf diesem Grundprinzip kann der Bau der deutschen Reichsrepublik unmöglich errichtet werden. .... Ein Einzelstaat, der $^4/_7$ des gesamten Reichs umfaßt, ist nur als Hegemoniestaat möglich. Ist die preußische Hegemonie in Deutschland unmöglich geworden, so ist damit auch ein einheitliches Preußen in Deutschland unmöglich geworden. Der doktrinäre und lebensfremde Gedanke, einen solchen Einzelstaat, der für sich allein in jeder Hinsicht weit mächtiger ist, als alle anderen zusammen, nach irgendwelchen abstrakten Verfassungsbestimmungen als mit allen übrigen lediglich gleichberechtigt behandeln zu

---

zu sein schien, prophetisch voraussah: „Wer will behaupten, daß wir uns seit 1866 in einem Definitivum befänden und nicht vielmehr in einem bloßen Provisorium? .... Was ist also wirklich erreicht, als daß der Stein ins Rollen kam? Er wird schon weiter rollen, und dieses Jahrhundert wird nicht vergehen, ohne daß die Karte von Deutschland ein viel anderes Aussehen gewonnen hätte, als sie heute darbietet. ....

Das Resultat dieser Veränderungen wäre denn das, daß endlich die zerrissenen deutschen Volksstämme wieder zu einer rechtlichen Existenz gelangten. Erst damit käme ja auch die deutsche Nation zu ihrem Rechte, denn als ein Volk von Völkern kann sie selbst kein rechtes Leben haben, solange es ihren verschiedenen Stämmen fehlt." Frantz a. a. O. S. 234.

können, müßte sofort an der harten Logik der politischen Tatsachen zerschellen. Es könnte damit kein anderer Zustand geschaffen werden, als der eines ständigen Kampfes zwischen dem Reiche und Preußen, der zur völligen Lähmung des Reichs oder zur Wiederherstellung der preußischen Hegemonie und damit wohl auch der anderen Institutionen führen müßte, die deren Voraussetzung bildeten. Es war ein durchaus richtiges politisches Tatsachengefühl, das schon im Jahre 1848 das Aufgehen Preußens in Deutschland als die selbstverständliche Bedingung für die Möglichkeit eines wirklichen deutschen Volksstaates empfunden wurde.

Es ist auch nicht richtig, daß mit der Auflösung des preußischen Einheitsstaates ein innerlich notwendiger und natürlicher Zusammenhang zerstört würde. Vielmehr weist die Bildung des preußischen Staates genau die gleichen Kennzeichen dynastischer Hauspolitik auf wie die der übrigen Landesfürstentümer, nur eben im größten Maßstab. Weder wirtschaftlich noch kulturell noch nach Stammeszusammenhängen bildet der preußische Staat ein organisches Ganze; die in allen diesen Beziehungen verschiedenartigsten Territorialstücke Deutschlands sind durch eine kräftige und erfolgreiche Expansionspolitik der Dynastie, ihres Heeres und ihres Beamtentums zu einem Notbau als Surrogat des fehlenden deutschen Staates zusammengezwungen worden. Das politische Verdienst und die geschichtliche Bedeutung dieser jahrhundertelangen Arbeit soll heute nach dem Zusammenbruche gewiß nicht verkleinert und unterschätzt werden. Aber es war und blieb doch eben ein Notbau, der in jeder Hinsicht unvollkommene deutsche Staat, die unvollendete und auf diesem Wege nicht vollendbare Einigung des deutschen Volkes. Weil die bisherige Reichsgestaltung von Preußen bestimmt war, konnte sie nicht den deutschen Volksstaat vollenden; soll er sich vollenden, so muß ihm der preußische Notbau weichen. Er hat seinen Beruf erfüllt; ja, daß er die Erfüllung seines Berufes jahrzehntelang überlebt hat, war eine Grundursache der politischen Leiden unserer jüngsten Vergangenheit. Mochte einst das harte und gewalttätige aber fest und tatkräftige preußische Staatswesen für die Stellung Deutschlands nach außen und für einen gewissen, freilich unvollkommenen inneren Zusammenhalt unentbehrlich sein, so ist es doch heute, nachdem es sich überlebt hat, unter völlig gewandelten Umständen ein unerträgliches Hemmnis nach außen wie im Innern. Das Verschwinden der preußischen Hegemonie in Deutschland, das ohne Verschwinden des preußischen Einheitsstaates unmöglich ist, wird die so schwer belastete internationale Stellung Deutschlands in günstiger Weise entlasten; es wird vor allem die partikularistischen Spannungen innerhalb Deutschlands entkräften, deren unerschöpfliche Quelle der hegemoniale Partikularismus Preußens war. Daß der Zusammenhalt Preußens wesentlich auf seiner dynastisch obrigkeitlichen Struktur beruhte, zeigte sich sofort nach deren Zusammenbruch in dem starken Hervortreten separatistischer Neigungen. Innere Kraft haben solche Bestrebungen nur soweit sie sich gegen Preußen richten, nicht gegen die nationale Einheit des Reichs. Die Erhaltung,

Festigung und Kräftigung dieser nationalen Einheit ist schlechthin die Lebensfrage des deutschen Volkes; sie ist damit auch die Lebensfrage der deutschen Republik. Denn wenn diese sogar die unvollkommene Einigung, die immerhin der Fürstenbund darstellte, statt sie zur Vollendung zu führen, zerstören ließe, wäre ihr Urteil unwiderleglich gesprochen. Der natürlichen deutschen Einheit muß die künstlich dynastische preußische Einheit weichen. Für die einzelnen, nach Stammesart, kulturellen und wirtschaftlichen Verhältnissen zusammenhängenden Landschaften Preußens ist die unmittelbare Unterstellung unter das Reich in jeder Beziehung förderlicher und besser als ihre Mediatisierung durch den dazwischengeschobenen preußischen Einheitsstaat; nur durch dessen Ausschaltung erhalten sie die ihnen gebührende Gleichstellung mit den süddeutschen Gliedstaaten; nur durch die Auflösung Preußens können sich mittel- und norddeutsche Kleinstaaten zu lebensfähigen Gemeinwesen zusammenschließen. Die Ausgleichung zwischen Ost und West, zwischen überwiegend agrarischen und industriellen Gebieten, die bisher die unvollkommene preußische Einheit bot, muß künftig die vollkommene deutsche Einheit bieten. Die Dazwischenschiebung des ganzen Apparats des preußischen Großstaats ist daher eine nicht nur unnütze, sondern im höchsten Maße schädliche Verschwendung."

Und weiter sagt er: „Jener Anschluß vollzieht sich aber offenbar leichter und organischer, wenn Deutschland sich gliedert in Freistaaten von wenigetens annähernd ähnlicher Größe und Macht, bestimmt durch wirtschaftliche und kulturelle Zusammenhänge wie durch Stammesgemeinschaft, als wenn es auch fernerhin den großpreußischen Block mit seinem unvermeidlichen Hegemonieanspruch in sich schließt."

Staatssekretär Preuß sagte am 26. Januar 1919 auf der Reichskonferenz über seinen Entwurf:

„Ist es möglich, den aus innerer Notwendigkeit erwachsenen Aufbau und die Verteilung der Kompetenzen zwischen Reich und Einzelstaaten unter Aufrechterhaltung der 25 Einzelstaaten durchzuführen? Es besteht ein Unterschied zwischen Süddeutschland und Norddeutschland. Die süddeutsche Staatenbildung ist zwar auch nicht natürlich erwachsen, aber sie ist durch den Geist Napoleons in so geschickter, verwaltungstechnisch genialer Weise gestaltet worden, daß sie hundert Jahre lang ihre Existenzfähigkeit gezeigt hat. Ich sehe keine Schwierigkeit vom Standpunkt des Reichsinteresses, daß sie bleibt wie sie ist. Aber nun werfen Sie einmal einen Blick auf die Karte Norddeutschlands. Die norddeutsche Landkarte zeigt in keiner Weise eine auch nur verwaltungsmäßig mögliche territoriale Gliederung, die den Aufgaben gewachsen wäre, die den Einzelstaaten im Rahmen einer solchen einheitlich gestalteten Verfassung zufallen würden. Es fragt sich nun: Ist diese territoriale Gliederung nach Durchführung der Revolution für die sozialistische deutsche Republik ein noli me tangere? Ich komme bei dieser Gelegenheit auf das, was in den letzten Tagen aus Gründen der Wahlagitation in den Vordergrund geschoben worden ist: den Schreckensschrei von der „Zerschlagung Preußens".

Die rechtsstehenden Parteien haben sich dieses gefundene Fressen für die Wahlagitation nicht entgehen lassen; sie haben von ihrem Standpunkt aus vollkommen recht. Sie unterdrücken vorläufig nur ein Wörtchen, wenn sie in ihren Anschlägen überall sagen: Wer unser altes Preußen erhalten will, der wähle deutschnational. Sie vergessen: Das alte königliche Preußen, das Werk der Hohenzollern. Die Parteien, welche die Wiederherstellung des alten königlichen Preußens wollen, kommen ja jetzt immer deutlicher damit heraus. Ich sage, sie haben von ihrem Standpunkte aus vollkommen recht; denn die Erhaltung Preußens als Einheitsstaat ist die einzige Aussicht, die die monarchistische Reaktion hat."

Der Reichsminister des Innern, Preuß, sagte am 19. März 1919 in der Nationalversammlung:

„Alle politischen Denker sind darin einig: entweder preußische Hegemonie über Deutschland oder Aufgehen Preußens in Deutschland. Es gibt kein Drittes." In der Tat: behält Preußen diese Größe von fast drei Viertel des Reichsgebietes, dann wird es unmöglich sein, daß das Reich für das Ganze Politik treibt, der ein so großer Einzelstaat widerstrebt. Preußen ist zu groß, als daß es dauernd seine Meinung zurückstellen könnte. Offenes oder verstecktes Widerstreben eines so großen Bundesstaates gegen die Reichspolitik wäre aber äußerst bedenklich.

Und von Batocki schrieb an der bereits genannten Stelle:

„Preußen als geschlossener Teilstaat des Deutschen Reiches muß fortfallen! Damit ist nicht gesagt, daß das selbständige politische und kulturelle Leben in den einzelnen deutschen Gauen nivelliert und — nach Pariser Vorbild — berlinisiert werden müßte. Im Gegenteil, dieser geschichtlich gewordene Hauptvorzug des deutschen Geistes- und Wirtschaftslebens muß uns bei aller Notwendigkeit einheitlicher Zügelführung in den kommenden, so furchtbar schweren Zeiten als einer unserer wenigen Aktivposten erhalten werden. Nur durch die Beseitigung Preußens als einheitlicher Sonderstaat aber würde dieser Vorzug auch den Bestandteilen des jetzigen Preußischen Staates bei richtiger Durchführung endlich in vermehrtem Umfange zuteil werden. Daß Königsberg und Kiel zu Köln, zu Cassel oder Breslau in irgend einer Hinsicht nähere Stammes-, Kultur- oder Wirtschaftsbeziehungen haben als zu Weimar, Dresden oder Darmstadt oder zu Schwerin, Hamburg und Lübeck, wird kein Mensch behaupten. Nehmen aber die nichtpreußischen größeren Zentren mit vollem Recht auch in Zukunft ein großes Maß von selbständigem staatlichen Leben in Anspruch, so darf dieses künftig auch denjenigen deutschen Gauen nicht versagt werden, die lediglich durch die Hohenzollernherrschaft, aber nicht durch die Natur der Dinge zum einheitlichen preußischen Staat zusammengeschweißt waren."

In der Kommissionsberatung über den ursprünglichen Artikel 15 der Verfassung begründete der Abg. Trimborn (Zentr.) mit Unterstützung der sozialdemokratischen Abg. Meerfeld, Quarck, Katzenstein die Notwendigkeit eines durchgreifenden gliedstaatlichen Neubaues. Er bezeichnete die Eingliederung Preußens ins Reich als die wichtigste und unverschiebbarste Aufgabe: Rheinland, Westfalen, Hannover, Schlesien komme dasselbe zu, was Bayern, Baden, Württemberg genießen. Und auf dem Reichsparteitag des Zentrums — Januar 1920 — erklärte derselbe Abgeordnete und Vorsitzende der Fraktion: „Das Übermaß des preußischen Kolosses und die Zwerghaftigkeit der kleinen Ländergebilde andererseits verzerren die Struktur des Ganzen und verhindern eine gleichmäßige, rationelle Dezentralisation..... Innerhalb Preußens empfinden es die großen Stämme und Provinzen als eine Benachteiligung, daß sie nicht wie die anderen Länder direkt, sondern erst über Berlin im Reich zur Geltung kommen. So beeinträchtigt Preußens Stellung innerhalb des Reiches die Entwicklung einer warmen Reichsgesinnung..... Die Zentrumsfraktionen sind sich darüber einig, daß mit allen Kräften auf eine Neugliederung des Reiches hinzuarbeiten ist."

In einem demokratischen Flugblatt Nr. 12 vom 25. Januar 1919 heißt es: „Nur durch die Auflösung Preußens können sich mitteldeutsche und norddeutsche Staaten zu lebensfähigem Gemeinwesen zusammenschließen. Das ist die Meinung der deutschen demokratischen Partei; wenn die Berliner „Vossische Zeitung" anderer Ansicht ist, so ist das ihre Privatsache; die demokratische Partei als solche aber unterstützt uns mit der Kraft ihrer mehr als 80 Abgeordneten in der Befreiung Niedersachsens."

Sogar der „Vorwärts" schrieb am 5. Dezember 1918: „Wir überlassen es selbstverständlich den Rheinländern und Westfalen vollkommen, wie sie sich innerhalb Deutschlands staatlich organisieren wollen. An dem alten Preußen als Staatsbegriff haben wir Sozialdemokraten nie gehangen. Preußen war in unseren Augen kein natürliches Staatsgebilde, nur die dynastische Hausmacht der Hohenzollern, als solche genau so zusammengestückelt wie etwa das alte Österreich, hielt es zusammen. Wir haben also nichts dagegen, wenn das alte Preußen sich in seine Bestandteile auflöst."

Und die Frankfurter Zeitung schreibt am 12. Dezember 1919: „Es fragt sich kurz gesagt, ob nicht mit dem Zusammenschluß der Zwergstaaten, der heute eine Selbstverständlichkeit ist, eine Zerlegung des einen übergroßen Bundesstaats wird parallel gehen müssen. Wenn es auf diesem Wege gelänge, die Glieder des Reiches zu Gebilden von annähernd ähnlicher Größe zu machen oder jedenfalls die krassen Unterschiede zwischen ihnen zu beseitigen, so würde das für die Stabilisierung der Oberhoheit des Reiches über seine Glieder und für die Neugestaltung der Arbeitsteilung zwischen dem Reiche und den Bundesstaaten von allergrößtem Wert sein."

Dr. Karl Bachem schreibt in der Köln. Volkszeitung am 27. 2. 1920 (Nr. 158):

Nicht auf die Form des bisherigen, geschichtlich gewordenen Staates Preußen kommt es an; denn dieser ist doch nicht Selbstzweck. Sondern allein auf den Nutzen der im jetzigen Staatsgebiet Preußens lebenden Bevölkerung.

Noch mehr Nutzen wird davon haben der Gesamtteil des deutschen Volkes. Darüber kann kein denkender politischer Kopf hinweg, daß, wenn man das allgemeine deutsche Interesse zum

Ausgangspunkt nimmt, und in den Vordergrund stellt, das jetzige Übergewicht Preußens in Deutschland nicht so bleiben kann, wie es ist, daß vielmehr eine wahre Rechtsgleichheit der verschiedenen deutschen Stämme nur möglich ist, wenn Deutschland aus möglichst gleichwertigen Ländern besteht, welche in gleicher Weise am Wohle des Reiches interessiert sind, ohne dem Drucke einer starken Zwischeninstanz zwischen Reich und Ländern ausgesetzt zu sein.

Dieser Erkenntnis wird auf die Dauer auch die preußische Regierung sich nicht entziehen können.

Der alte preußische Partikularismus, welcher allein durch Preußen zum deutschen Einheitsstaat gelangen wollte, war ein Spezifikum des alten Preußentums, wenn man will: des früheren preußischen Junkerstaates. In unsere neuere Zeit paßt er nun einmal nicht mehr hinein. Darum nehmen sich die Ausstrahlungen des alten Borussentums im Munde der Herren Hirsch und Heine so sonderbar, so vorintflutlich aus."

Heinrich Peus schreibt in den Sozialistischen Monatsheften vom 9. 2. 1920:

„Die deutschen Länder sind, wenn man von Süddeutschland absieht, keine Verkörperung deutscher Stämme, sie sind zusammenerobert, zusammengeflickt. Daher muß wiederholt werden, was hier in den Sozialistischen Monatsheften vor der Revolution ausgeführt, dann als erste Forderung der Revolution erhoben wurde. Wir brauchen eine Neueinteilung des Reiches nach wirtschaftlichen und kulturellen Gesichtspunkten, wir brauchen homogene Reichsglieder, jedes stark genug zu funktionieren, keines ohne die anderen lebend.

Diese Erkenntnis beginnt spät, sehr spät sich durchzusetzen. Es ist sehr erfreulich, daß auf dem Parteitag des Zentrums, der Ende Januar abgehalten wurde, der richtige Weg zum guten demokratischen Einheitsstaat angegeben wurde, indem man dort verlangte, daß „gleichberechtigte und möglichst gleichwertige Länder" gebildet werden sollen. Das setzt freilich den Mut voraus, das Preußen der Vergangenheit dem Deutschland der Zukunft zu opfern. Preußen muß endlich den überkommenen Herrschaftsegoismus aufgeben, es muß, um ein größeres Deutsches Reich erstehen zu lassen, sich endlich dazu aufraffen, sich selber in mehrere

Länder zu teilen, die sich dann in demokratischer Autonomie mit den übrigen Ländern als ein einiges Deutschland zusammenfinden. Das Verlangen der einzelnen, willkürlich zusammengekitteten Teile Preußens ihr eigenes Leben für sich und für Gesamtdeutschland zu gestalten und, statt in unnatürlicher Verkoppelung in Preußen zu bleiben, als selbständige Glieder des Reichs zu wirken, kann auf die Dauer durch Gewalt oder durch demagogische Schlagworte wie Zerschlagung, Zertrümmerung usw. nicht niedergehalten werden. Die Rheinlandfrage wird nicht zur Ruhe kommen, bevor sie ihre natürliche Lösung gefunden hat: nämlich die Schaffung eines autonomen Rheinlands als wichtiges, vielleicht das wichtigste Glied des Deutschen Reichs.

Die Angst vor einem klerikalen Rheinland und einem agrarischen Pommern ist unbegründet; vollzieht sich doch die Entwicklung nach den Produktionsnotwendigkeiten, und die Aufgabe der Politik ist es nur, ihrer Durchsetzung freie Bahn zu schaffen. Es ist tief bedauerlich und ein Zeichen der Sterilität der heutigen sozialdemokratischen Politik, daß diese demokratische Gestaltung des deutschen Einheitsstaates nicht längst durchgeführt worden ist. Jeder Tag, den man länger zögert, bedeutet einen Verlust an produktiver Kraft, den Deutschland nur in Jahren wieder einholen kann. Vor allem muß das künstliche Übergewicht Preußens verschwinden.“ So die sozialistischen Monatshefte.

Die sozialdemokratische Rheinische Zeitung schreibt am 17. Dezember 1919:

„So war das Reich bisher und ist es bis zu einem gewissen Grade heute noch doppelt zentralistisch; nämlich deutsch-zentralistisch und preußisch-zentralistisch. Wenn von diesen beiden Zentralismen der eine, der preußische, weggeräumt wird, so kann die kulturelle Selbständigkeit der geographisch zusammenhängenden Verwaltungsgebiete und der ethnographisch zusammengehörenden Volksstämme dabei nur gewinnen.“

J. Elban beurteilt in ähnlicher Weise in einem Artikel der Vossischen Zeitung: Das Reich oder Preußen? die Lage: „Die Hauptsache ist: den Dualismus der beiden Berliner Regierungen und Parlamente auszuschalten und eine klare, unzweideutige Entscheidung zu treffen, die es im Süden, Westen und Osten unmöglich macht, mit den alten Vorurteilen gegen den neuen Staat der Deutschen zu wirken.“ Und über die Neugliederung Preußens schreibt er:

„Nur große Mittel können helfen. Kühne Entschlüsse. Wer den Vorwurf erhebt, daß die „Zerschlagung Preußens" beabsichtigt sei, dem muß die Tatsache entgegengehalten werden, daß es sich heute nur noch darum handeln kann, ob Preußen im Reich aufgeht oder ob das Reich zerfällt. Auch die Anhänger des alten Preußen müssen sich sagen, daß nach dem Wegfall der Machtmittel des Staates es nur eine Frage der Zeit ist, daß die Rheinlande, Hannover und Oberschlesien sich auf eigene Füße stellen. Diesen Entwicklungsprozeß sich selbst überlassen oder mit Beschwerden über „Verrat" begleiten, heißt unabsehbare Gefahren heraufbeschwören, während jetzt noch die Möglichkeit vorliegt, ihn für den Reichsgedanken nutzbar zu machen. Der Traum eines Großpreußen ist ausgeträumt für alle Zeit. Die Wahl steht heute so, ob man durch Treibenlassen zur völligen Zersplitterung und Lähmung kommt oder entschlossen den Weg geht, der einst alle Deutsche zusammenführt."

Der straffe preußische Zentralismus, die preußischen Charaktereigenschaften: materielles, rein technisches Denken, Wut der Zahlen, Geringachtung von Gemüts- und seelischen Werten, haben nicht kulturfördernd gewirkt. „Nur wer sich gewöhnt hat, konkret zu beobachten, kann feststellen, wie tief z. B. die kulturelle Leistung des hessischen, elsässischen und hannoverschen Stammes durch die preußische Herrschaft geschädigt worden ist." (Förster a. a. O. S. 320.) Bei den Rheinländern und Westfalen liegt die nachteilige Beeinflussung mehr auf politischem Gebiete. Namentlich hat der offene und noch mehr der ihm nachfolgende versteckte Kulturkampf vielen das Rückgrat gebrochen. „Der Wille zur politischen Macht ist selten, ist durch die Verpreußung im Erwerbssinn erstickt. ... Stände den schätzenswerten Eigenschaften mehr bürgerliches Selbstbewußtsein, mehr politischer Machttrieb zur Seite, so könnte aus Rheinland und Westfalen eine Bewegung erwachsen, die dem ganzen deutschen Volke zum Muster diente." (A. Erkelenz, M. d. N. Dem. — Berl. Tagebl. 17. Juli 1919.)

Pfizer, einer der Bahnbrecher der Bundesstaatsidee, sprach schon in der ersten Hälfte des 19. Jahrhunderts von einem „Preußentum, vor dem man sich im übrigen Deutschland fürchte, wie vor einem drohenden, den Atem hemmenden Gespenst, das allerdings vorwiegend seinen Sitz nur in Altpreußen habe. („Eine Stimme über deutsche Politik." Weil, konstitutionelle Jahrbücher 1846 I 78 ff.)

Prof. Heldmann, der Begründer des Deutschen Föderalistenbundes, schreibt: Dieser Bund betrachtet und bekämpft die Existenz von Großstaaten auf deutschem Boden als eine Gefahr sowohl für die anderen Bundesglieder im einzelnen, wie vor allem auch für ein deutsches Deutschland im ganzen, die Kleinstaaterei dagegen als eine Gefahr für die Erfüllung der politischen, wirtschaftlichen und kulturellen Bedürfnisse des deutschen Volkes.

Sein D. F. B. tritt demgegenüber ein für eine harmonische Gliederung Deutschlands in wesensgleiche Gebilde durch:

a) die Erhaltung oder Neubildung in sich geschlossener lebenskräftiger Mittelstaaten möglichst auf stammesmäßiger Grundlage und von annähernd gleicher Größe, die nicht imstande sind, andere deutsche Staaten zu bevormunden und zu erdrücken oder sonstwie zu schädigen und somit die Freudigkeit derselben am gemeinsamen Vaterland und Staatswesen zu untergraben und dessen Einigkeit zu gefährden;

b) den Zusammenschluß derjenigen Kleinstaaten, die für sich nicht natürlich begründet und innerlich lebenskräftig sind, untereinander oder durch ihren Anschluß an stammesverwandte Bundesstaaten;

c) die Abtrennung solcher Gebietsteile bestehender Staaten, die gegen ihren Willen bei diesem gehalten sind und lieber selbständig sein oder zu stammesverwandten Nachbarstaaten gehören wollen.

Und Wilh. Heile, der Hauptschriftleiter der „Hilfe", schreibt dort in Nr. 12 vom 20. März 1919:

„Das ist die große Schuld der deutschen Revolution, daß sie sich damit begnügte, die Fürsten zu beseitigen, und in dem Jubel über ihre Beseitigung die Hauptsache vergaß. Die Männer, die sich zu preußischen Ministern aufwarfen, anstatt der neuen Reichsleitung auch die Leitung Preußens zu überlassen, die haben viel schlimmer und folgenschwerer als die neuen Männer in Bayern und den anderen Staaten der glücklichen Entwicklung Deutschlands den Weg verbaut. Herr Hirsch, der preußische Ministerpräsident, sagte zwar in seiner Rede zur Eröffnung des Preußischen Landtags: „Preußen ist bereit, aufzugehen im Reich, in der Republik der politisch geeinten Nation, im deutschen Einheitsstaat." Aber warum hat man denn, wenn das nicht bloß Phrase ist, den günstigsten Augenblick, das wahr zu machen, nicht wahrgenommen? Warum tat man auch jetzt noch nicht den kleinsten Schritt, um zur Einheit zu kommen? Warum wehrt man sich mit so viel Zähigkeit gegen alles, was mit dem Aufgehen Preußens in Deutschland den Anfang machen will? Herr Hirsch sagt ganz richtig: „Hörten die Gliedstaaten auf, dann könnte das ganze Reich nach Zweckmäßigkeit in neue Verwaltungsbezirke eingeteilt werden." Der gesunde Menschenverstand vermutet, daß er dann fortfahren würde: Also muß Preußen seine Sonderstaatlichkeit aufgeben, und zwar Preußen zuerst, vor allen anderen Staaten, nicht bloß um folgerichtig seine deutsche Aufgabe zu vollenden und dadurch die Politik von 1866 nachträglich zu rechtfertigen, sondern auch um für den gleichen Schritt der anderen die notwendige Voraussetzung zu schaffen. Denn den Kleinen kann man es nachfühlen, daß sie im Hinblick auf die bisherige preußische Politik in ihrer vorsichtigen Zurückhaltung verharren: Hannemann, geh du voran, du hast die größten Stiefel an. Herr Hirsch meint freilich: „Solange die deutschen Staaten selbständige Gliedstaaten bilden, solange muß auch Preußen als einheitlicher Gliedstaat bestehen bleiben." Umgekehrt aber kommt erst Sinn in diesen Satz. Solange Preußen seine alles andere um fast das Doppelte überragende Masse geschlossen in die Wagschale wirft, werden die anderen auf eigene Staatlichkeit nicht verzichten können.

Es ist ja so grundfalsch und unwahrhaftig, uns, die wir für das Aufgehen Preußens in Deutschland und zu diesem Zwecke für die freie Selbstbestimmung der großen geschichtlichen Bestandteile des bisherigen preußischen Staates eintreten, die „Zerschlagung Preußens in leistungs- und lebensunfähige Zwergrepubliken" vorzuwerfen, wie Herr Hirsch das tut. Nicht noch größere Zersplitterung, sondern größere Vereinheitlichung ist unser Ziel. Wenn die thüringischen Kleinstaaten verschwinden sollen, so muß Preußen seine thüringischen Bezirke an Großthüringen abtreten. Oder glaubt Herr Hirsch, daß diese Kleinstaaten sich an Preußen anschließen sollen? Wenn Braunschweig mit seinen verschiedenen Splittern in eine größere Gemeinschaft überführt werden soll, so kann das nach dem einstimmig, einschließlich der Unabhängigen, gefaßten Beschluß seines Landtags nur durch Anschluß an Niedersachsen geschehen; eine Angliederung an Preußen lehnen die Braunschweiger ab.

Will man also die Kleinstaaten und Staatensplitter beseitigen, so muß Preußen Teile seines Gebietes zur Vereinigung mit den Stammesgenossen in größeren Selbstverwaltungsgebieten freigeben, zumal deren Bevölkerung es — namentlich in Hannover — einmütig stürmisch verlangt. Es gibt keinen anderen Weg zur Reichseinheit als den der Auflösung Preußens. Es ist unmöglich, die preußische Hegemonie, auf der der alte Reichsbau beruhte, unter den neuen Verhältnissen wiederherzustellen oder aufrechtzuerhalten. Wenn also das Reich nicht der Auflösung verfallen soll, so muß Preußen sich auflösen, und so muß die preußische Hegemonie der Reichshegemonie weichen. Preußen hat seine große geschichtliche Aufgabe erfüllt, als es durch seinen Machtstaat die gewaltige und notwendigerweise auch vielfach vergewaltigende Klammer für den bisherigen Notbau des Deutschen Reiches schuf. Es würde sein eigenes Werk zerstören, wenn es jetzt nicht die Folgerungen aus seiner Geschichte ziehen wollte."

In Nr. 13 der „Hilfe" sagt der gleiche Verfasser:

„Traub, der nun von den Bänken der äußersten Rechten spricht, hat die Selbständigkeitsbestrebungen der Mußpreußen eine Schmach genannt und dabei zugunsten der vollen Erhaltung des Preußischen Staates den Gedanken ausgesprochen, daß Preußen gerade gegenüber dem bloßen Stammesbewußtsein ein Staatsbewußtsein herausgebildet habe und dadurch der beste Erzieher zum Einheitsgedanken des Reiches geworden sei. Wenn das wahr wäre, so müßte man die Wahrheit des Satzes doch just jetzt verspüren. Wir erleben aber das Gegenteil: mit Ausnahme der preußischen Kronlande will niemand bei Preußen bleiben. Es zeigt sich, was jeder, der sehen will und ohne Scheuklappen herumläuft, schon immer gewußt hat: von einem preußischen Staatsgefühl der Rheinländer, Hessen-Nassauer, Hannoveraner, Schleswig-Holsteiner kann gar keine Rede sein. Die mögen und wollen nicht Preußen sein, ihr Stammgefühl ist durch den preußischen Zwang nicht ertötet, sondern nur um so lebendiger geworden. Und je lebendiger es ist, um so größer das Streben nach unmittelbarer Einfügung in den deutschen Reichsbau.

Wenn nun aber wirklich, wie man jetzt in demagogischer Absicht immer wieder behauptet, der Wunsch der Trennung von Preußen bei unseren Feinden die trügerische Hoffnung auf Absplitterungswünsche vom Reiche weckt, so kann man doch erst recht nicht von einem Verdienste, sondern nur von einer schweren geschichtlichen Schuld des preußischen Staates sprechen, der es eben nicht verstanden hat, die ihm angegliederten nichtpreußischen Teile Deutschlands zu preußischem Staatsgefühl zu erziehen. Und wenn gar, was ich bestreite, in diesen Teilen Preußens irgendwelche Reichsverdrossenheit bestände, so könnte das doch auch nur Preußen zur Last gelegt werden, da das Reich ja nur auf dem Umwege über Preußen zu ihnen sprach.

Haben wir denn aus dem Schicksal Elsaß-Lothringens noch immer nichts gelernt? Es war der Geist des preußischen Obrigkeitsstaates, der es den Elsässern unendlich schwer gemacht hat, im Bewußtsein ihres Deutschtums ihrer deutschen Reichszugehörigkeit wirklich froh zu werden. Heute sind wir uns doch wohl alle einig darin, daß eine rechtzeitige Anerkennung der staatlichen Selbständigkeit Elsaß-Lothringens innerhalb des Reiches uns in eine günstigere Lage gebracht hätte: die französische Legende würde dann weder bei den niederen Völkern noch bei den Elsässern selbst so viele Köpfe verwirrt haben. Und wir hätten den Appell an das Selbstbestimmungsrecht der Völker nicht zu fürchten brauchen. Ein freies und gleichberechtigtes Elsaß würde sich für Deutschland entschieden haben.

Betrachtet man unter solchem Gesichtspunkt die rheinische Frage, so kann man sich doch nicht mehr dem Gedanken verschließen, daß über die Form, in welcher die Rheinländer zum Reiche gehören, außer dem Reiche, das ist dem deutschen in seiner Gesamtheit, auch die Rheinländer selbst gehört werden müssen. Jeder Zwang der Zugehörigkeit zu Preußen muß doch die Reichsfreudigkeit derer erschüttern, die nun einmal nur mit Widerstreben preußische Staatsbürger sind. Wenn jetzt die Feinde eine über den Frieden hinaus dauernde Besetzung des Rheinlands vorhaben, gar mit dem Hintergedanken des rheinischen Pufferstaates, so sollte uns das doch allerernstester Anlaß sein zum Nachdenken über die Frage, mit welchen Gefühlen wir die Rheinlande in dieser schweren Zeit ihrem Schicksal überlassen wollen. Fühlen sie sich durch den Preußenzwang in ihrer Seele bedrückt, so wird der Boden für die französische Wühlarbeit weit günstiger sein, als wenn sie sich sehnen nach dem Tag, an dem sie in freier Selbstverwaltung ihr neues Eigenleben aufnehmen können als reichsunmittelbares Glied des geeinten deutschen Volksstaates.

Was von den Rheinländern gilt, das gilt von den anderen auch. Niemand will von Deutschland fort, niemand hofft, durch Liebäugeln mit den Feinden sich billigere Friedensbedingungen zu erkaufen. Sie alle sind weder dumm genug, zu glauben, daß die Feinde so töricht wären, das was sie kaum aus dem ganzen Deutschland herauspressen können, lediglich auf das verkleinerte Deutschland zu legen, das nicht einmal die reichsten Bezirke umschließen würde. Noch sind sie so schamlos und vaterlandslos, eine Bevorzugung durch die Feinde auch nur im flüchtigsten Spiel notgeborener Gedanken zu wünschen. Aber wenn man ihnen, den Mußpreußen, weiter Gewalt antut, ihnen den Glauben nimmt, daß das neue Reich ein Rechtsstaat und ein Staat der Freiheit sei, aufgebaut nach denselben Grundsätzen, nach denen wir Deutschen im ganzen von der Außenwelt behandelt zu werden wünschen, dann ist es durchaus möglich, daß manches verbitterte Herz seine Hoffnungen im stillen auf die Feinde setzt, die sich die günstige Gelegenheit, als Freiheitsbringer auftreten zu können, ganz gewiß nicht entgehen lassen werden. Will man es wirklich dahin kommen lassen? Glaubt man dem Vaterlande damit einen Dienst zu tun? Wann wird man in Deutschland endlich lernen, daß man ohne Seelenkunde keine gute Politik machen kann? Politik ist kein bloßes Rechenexempel, sondern eine Kunst, deren Material die Menschenseele ist.

Nun aber sagen die Rechenkünstler der Politik, daß die Neuorganisation Deutschlands nach unseren Vorschlägen eine große Vergeudung vorhandener Werte und Kräfte mit sich bringe, die wir gerade jetzt uns nicht leisten könnten. Die Loslösung einiger Teile von Preußen sei eine Vermehrung der Kleinstaaten, erfordere also eine Vervielfältigung des bisherigen Verwaltungsapparats. Man gebe eine bereits vorhandene große Organisation, die ausgezeichnet eingearbeitet sei, auf, um sie einzutauschen gegen kleine Organisationen, die in manchen Dingen der Selbstverwaltung ganz zweckmäßig sein möchten, aber für die Aufgaben allgemeinerer Art niemals die Leistungsfähigkeit des bisherigen Großapparates, des preußischen Einheitsstaates, erreichen könnten. Dieser Einwand hat manchen auf den ersten Blick stutzig gemacht; uns kann er nicht schrecken. Erstens handelt es sich nicht um eine Vermehrung, sondern eine Verminderung der Staaten. Die vielen Kleinstaaten Nord- und Mitteldeutschlands sollen — und wollen ja zum größten Teile auch — mit angrenzendem preußischen Gebiet stammesverwandter Bevölkerung zu einer kleinen Zahl größerer, organisch gebildeter Staaten vereinigt werden. Der Einwand behielte nur dann seine Berechtigung, wenn man den preußischen Einheitsstaat aufgeben wollte, um eine eifersuchtgespaltene Schar von Mittelstaaten an dessen Stelle treten zu lassen, ohne den preußischen Notersatz der Reichseinheit durch eine wirkliche Reichseinheit zu ersetzen. Wir aber wollen, daß an die Stelle des preußischen der deutsche Einheitsstaat treten soll, der in allen großen Reichsangelegenheiten den vorhandenen Apparat der preußischen Einheitsverwaltung einfach übernimmt und den bisherigen Apparat der doch immerhin recht beschränkten provinziellen usw. Selbstverwaltung den neuen Gliedstaaten als Grundstock ihrer Organisation überläßt. Es gehört wirklich keine große, zeitraubende und kostspielige Organisationsleistung dazu, um solchen Umbau durchzuführen. Nur den Willen braucht man, auf den allein kommt es an."

In der Hilfe Nr. 3 u. 4 von 1920 sagt der gleiche Verfasser:

„Nicht die Selbständigkeit der Länder stört die Einheitlichkeit und schwächt die Kraft der Reichspolitik, sondern lediglich die Tatsache, daß es innerhalb der Reichseinheit noch einmal eine Einheit von zwei Drittel des Reiches gibt, die wollend oder nicht wollend allein durch die Tatsache ihres Daseins eine wirkliche Reichspolitik unmöglich machen muß. Die geschichtlich gewordenen Abgrenzungen der süddeutschen Länder kann man im wesentlichen als organische Gliederung gelten lassen. In Mittel- und Norddeutschland aber muß durch Zusammenlegung und Loslösungen erst eine Gliederung geschaffen werden, die wirklich organisch gewachsen ist . . . Preußen muß durch Freilassung der nach Selbständigkeit strebenden Stammesländer den Schlüssel herausgeben, mit dem es allen anderen die Tür zum Einheitsstaat verschlossen hat."

Das Urteil Rachfahls, ord. Professor der Geschichte an der Universität Freiburg i. B., hinsichtlich der Aufteilung Preußens wiegt um so schwerer, als er ein Verherrlicher des Frederizianischen und Bismarckschen Preußens ist. Er geht in ausgezeichneter und erschöpfender Weise im einzelnen die politischen, wirtschaftlichen und kulturellen Erwägungen durch, die bei der Erörterung der Frage anzustellen sind, ob sich eine Aufteilung Preußens empfiehlt oder nicht.

Was die politischen Bedenken angeht, die gegen eine Aufteilung Preußens geltend gemacht werden, so führt er diesbezüglich unter besonderer Berücksichtigung der Rheinlandfrage folgendes aus:

„Ist die Zugehörigkeit der Rheinlande zu Preußen die Voraussetzung dafür, daß sie auch bei Deutschland bleiben? Wenn sich eine rheinisch-westfälische Sonderrepublik bilden würde, so kommt es ganz darauf an, wie stark in ihr das nationale Gefühl entwickelt ist, um einer Losreißung von Gesamtdeutschland, auch wenn von außen darauf ein Druck ausgeübt werden sollte, zu widerstreben, — wäre ihre Bevölkerung sonst dazu geneigt, wozu glücklicherweise nicht die geringsten Anzeichen erkennbar sind, so würde die Rücksicht darauf, daß man also auch den Zusammenhang mit Preußen verlöre, sicherlich dabei keine Rolle spielen, und andererseits liegt die Sache auch nicht so, daß, wenn es Deutschand nicht möglich wäre, die Rheinlande bei sich festzuhalten, Preußen dazu in höherem Grade imstande sein würde. . . . . Es ist auch schwerlich zuzugeben, daß die Rheinprovinz ohne weiteres ein größeres Interesse an Norddeutschland hat, als am übrigen Deutschland, und daß ein norddeutscher Großstaat deshalb bestehen bleiben muß, — das oberrheinische Gebiet liegt ihr sicherlich näher als etwa Ostpreußen oder Schlesien. Erfordert andererseits die Ostmark die weitere Existenz des preußischen Gesamtstaates? Welche Teile von ihr jetzt beim Friedensschlusse überhaupt noch für das Mutterland zu retten sind, das hat mit dieser Frage nicht das geringste zu tun, und die Hut der Grenze, wie sie immer gezogen werden möge in der Zukunft, die Regelung der Verhältnisse mit unsern Nachbarn, die Nationalitätenpolitik im Osten wird in der Folgezeit gerade eine der vornehmsten Aufgaben des ganzen Deutschlands sein müssen. Die Gefahr darf als ausgeschlossen betrachtet werden, daß in einem der östlichen Landesteile, die uns jetzt noch bleiben werden, die Polen durch Bevölkerungszuwachs eine solche Mehrheit erreichen werden, daß für etwa daraus erwachsende Gliedstaaten eine Polonisierung zu besorgen wäre, daß dadurch das hier ansässige deutsche Bevölkerungselement so zurückgedrängt werden könnte, daß dagegen nur die Zugehörigkeit zu einem Großpreußen einen schützenden Damm und Wall zu bieten vermöchte."

Das politische Urteil abschließend kommt Rachfahl zu dem Ergebnis, daß ein Gemeinwesen, hinter dem $^4/_7$ des jetzigen Reiches stehen, auch wenn sein juristisch-staatsrechtlicher Einfluß durch die Reichsverfassung bedeutend gemindert ist, dennoch — was die Beeinflussung der Reichspolitik angeht, — bedeutsam und entscheidend in die Wagschale fällt. Der Wille, den es zum Ausdruck bringt, ist der Wille der Mehrheit: würde er vermittelt nach den einzelnen Provinzen, so könnte das Ergebnis für diese oder jene von ihnen ein anderes sein und sich vielleicht in Übereinstimmung mit den der nichtpreußischen Gliedstaaten befinden, sodaß sich der Mehrheitswillen für die gesamte Nation dann als ein anderer darstellt. „Es ist auch zu erwägen, daß der Sitz sowohl der Reichs- als auch der preußischen Behörden Berlin sein soll, daß daher die Möglichkeit ganz und gar nicht als beseitigt angesehen werden kann, daß jene unter den Einfluß von diesen geraten und jedenfalls in die gerade in Berlin herrschende politische Atmosphäre hineingezogen werden .... Das unruhige Treiben, der brodelnde Boden einer Weltstadt mit der daran geknüpften Gefahr einer Herrschaft der Gasse in großen nationalen Krisen ist an sich nicht immer der beste Platz für eine kräftige und den Zufälligkeiten entrückte oberste Leitung der Geschäfte .... Hat sich für die Republik der Vereinigten Staaten ein Nachteil daraus ergeben, daß ihre Vertretung, ihren Sitz im stillen Washington hat?"

Was die wirtschaftspolitischen Argumente angeht, die man gegen die Auflösung Preußens anführt, so weist man in erster Linie daraufhin, daß Preußen jetzt ein einheitlicher Wirtschaftskörper sei, dessen Glieder so fest miteinander verwachsen seien, daß sie ihre Absonderung vom Ganzen wie eine Vivisektion empfinden würden. Dem hält Rachfahl entgegen, daß in Zukunft das ganze Reich als solches, zumal im Zusammenhang mit der Sozialisierung, die man vorzunehmen im Begriff ist, in viel höherem Grade ein großer und einheitlicher Wirtschaftskörper werden wird, als bisher.

„Braucht die Industrie des Westens wirklich eine nähere Zusammengehörigkeit mit dem Osten, ein garantiertes Absatzgebiet im Osten, wie sie nur durch die Existenz eines preußischen Gesamtstaates sichergestellt zu werden vermöchten? Der Süden ist auf die Kohle und das Eisen des Westens nicht minder angewiesen, als der Osten; es wäre dann in dieser Beziehung eher eine einseitige Bevorzugung des Ostens zu besorgen. Auch dafür, daß der Kalibedarf des Südens aus dem Norden gedeckt wird, ist doch der Fortbestand Preußens nicht die unbedingte Voraussetzung, ebensowenig wie für eine etwa notwendige Umschulung der Industriearbeiter des Westens für die Landwirtschaft und ihre Überführung nach dem Osten desgleichen für eine zweckmäßige Agrarpolitik und Bodenbesitzverteilung zumal im Osten; in allen diesen Punkten kann das, was die neue Zeit erfordert, auch durch ein harmonisches Zusammenarbeiten kleinerer Gliedstaaten mit dem Reiche erreicht werden. Es ist ja richtig, daß die Kulturpolitik des Ostens bisher in weitem Umfange mit Hilfe des

Westens finanziert worden ist; aber es ist doch fraglich, inwieweit der Westen bei dem Niedergange der Industrie, mit dem hier zu rechnen ist, in Zukunft dazu noch imstande sein wird. Die östlichen Landschaften Preußens werden lernen müssen, sich hier auf eigene Füße zu stellen, wie das die kleineren Staaten von jeher tun mußten, und sie können das jetzt um so eher, als vieles, wie der Ausbau des Eisenbahnnetzes, schon geleistet worden ist. Sachsen, Thüringen, Hessen, Baden, Württemberg haben als von Preußen unabhängige Gliedstaaten wirtschaftlich und kulturell schon jetzt ein autonomes Dasein geführt, und die Rheinpfalz hat nie mit Bayern zusammen ein einziges Wirtschaftsgebiet gebildet. Der richtige wirtschaftliche Konnex zwischen den einzelnen Gliedstaaten des Reiches wird sich so, wie die Bedingungen, Möglichkeiten und gegenseitigen Bedürfnisse es verlangen, sehr bald von selber herstellen, hoffentlich gefördert durch eine verständige Politik des Reiches, durch gegenseitige Verständigung in Reichstag und Staatenhaus und vor allem durch eine wieder einsetzende Arbeitsfreude und Arbeitswilligkeit. Und vor allem, wie ganz Deutschland für sich ein unzerreißbares einheitliches Wirtschaftsgebiet ist, so auch wieder in ihm Norddeutschland für sich; zumal wenn die Verkehrspolitik jetzt Kompetenz des Reiches wird, spielen die Landesgrenzen gar keine Rolle mehr. Die Hansastädte waren bislang auch besondere Gliedstaaten; deshalb war doch Norddeutschland ihr nächstes wirtschaftliches Hinterland, mit ihnen zu einer unlösbaren Einheit verbunden, die nicht der Regelung durch ein und dieselbe Staatsregierung bedurfte "

Aber auch in kultureller Hinsicht sieht Rachfahl in der Aufteilung Preußens keine Nachteile.

Stammesart und Stammessitte werden in der Verwaltung mehr zur Geltung kommen, und die Landesversammlungen werden sich mehr aus Männern zusammensetzen, die sich im Dienste ihrer engeren Heimat bewährt haben, mit ihr verwachsen sind, deren Interesse kennen und deren Vertrauen genießen. Solche Landtage werden eine bessere politische Schulung gewähren und die Geschäfte praktischer und solider führen, als eine mit dem Reichstage konkurrierende preußische „National"versammlung, die sich aus strebsamen Berufsparlamentariern, Parteipolitikern usw. zusammensetzt. Die Verdienste des preußischen Staates auf dem Gebiete der Kultur stehen außer Zweifel; aber auch hier ist es gerade in hohem Grade wünschenswert, daß Stammesart und Stammessitte mehr zu ihrem Recht gelangen als bisher. Was uns von Berlin aus in den letzten Jahrzehnten in Kunst, Theater und Literatur geboten worden ist, das ist ja sattsam bekannt; die Monopolisierung des ästhetischen Urteils in Berlin hat geradezu verheerend gewirkt, und auch für die Wissenschaft hat das System der Zentralisierung vielfache Nachteile. Bei einigermaßen gutem Willen wird sich für die Pflege gewisser Kulturzwecke, wie Unterhaltung von wissenschaftlichen Instituten, Kunstsammlungen usw., ein Ausgleich durch Zusammenwirken von Reich und Gliedstaaten erzielen lassen, Ein jeder Stammesteil lebe sein eigenes Leben, freilich als dienendes Glied des großen Ganzen, des einigen Vaterlandes, das in seinen nationalen Grenzen im wesentlichen zu erhalten und als ein kraftvolles, existenzfähiges Staatswesen für die Zukunft zu retten uns gelingen möge. Dann kann dem tiefen Falle eine neue Erhebung folgen, neues Dasein aus dem Trümmerhaufen erwachsen. Warum, so könnte man fragen, sollte nicht das künstliche obrigkeitlich-dynastische Gebilde durch einen natürlichen, auf der Grundlage der Stammesgliederung beruhenden, aber aus ihr unversiegbare Nahrung ziehenden, unverwüstlich kräftigen und gesunden Organismus abgelöst werden? Technische Einzelfragen, die sich dabei erheben sollten, können und müssen gelöst werden und bieten keinesfalls unüberwindliche Schwierigkeiten; auch solche Probleme, wie Abtragung der preußischen Staatsschuld und Teilung des Staatsvermögens, sind an sich kein Hindernis für eine Neuordnung des preußischen Staatsgebietes."

Wenn der deutsche Gedanke noch jetzt im Herzen der Nation so wenig feste Wurzeln geschlagen hätte, daß ein Großpreußen als Hilfskonstruktion oder gar als tragender Pfeiler für den Einheitsbau erforderlich wäre, daß ohne seinen Fortbestand die zentrifugalen Tendenzen gestärkt werden oder gar die Oberhand gewinnen könnten, so fürchtet Rachfahl mit Recht, daß es dann auch schwer möglich sein dürfte, den Zerfall des deutschen Volkes aufzuhalten, daß dieses vielmehr dann wenigstens als Staatsvolk aus dem Buche der Geschichte ausgelöscht werden wird.

Rachfahl prüft dann schließlich noch, ob es sich nicht am Geiste der Geschichte versündigen hieße, wenn man der Auflösung Preußens das Wort rede. Er erinnert an Bismarcks Worte in seinen „Gedanken und Erinnerungen", die uns jetzt wie eine Prophezeiung anmuten:

„Niemand wird die Frage mit Sicherheit beantworten können, ob der staatliche Zusammenhang Preußens fortbestehen würde, wenn man sich die Dynastie Hohenzollern und jede, die ihr rechtlich nachfolgen könnte, verschwunden denkt. Ist es wohl sicher, daß der östliche und der westliche Teil, daß Pommern, Hannoveraner, Holsteiner und Schlesier, daß Aachen und Königsberg, im untrennbaren preußischen Nationalstaat verbunden, ohne die Dynastie so weiter leben würden?"

Rachfahl weist darauf hin, wie sich jetzt in der Tat in Hannover, in Schleswig-Holstein, in den Rheinlanden, in Schlesien und selbst in dem Lande, das die Wiege des preußischen Samens und des preußischen Königstums ist, Tendenzen zeigen, von denen Bismarck voraussagte, daß sie mit dem Aufhören der hohenzollernschen Dynastie gleichsam mit Naturnotwendigkeit emporschießen würden. Und er fährt fort:

„Im rechten Lichte betrachtet, stellen sich die sog. „geschichtlichen Gründe", die man für die Erhaltung Preußens anführt, als aus der geschichtlichen Erinnerung abgeleitete Gefühlsargumente dar, so vor allem, wenn man darauf hinweist, daß Preußen der einzige deutsche Staat sei, der wirklich eine große Geschichte gehabt habe. . . . . . Sind es tatsächlich noch „Millionen Preußen, die mit allen Fasern an ihrem Vaterlande, trotzdem es dynastischen Ursprungs ist, hängen", und welche eben deshalb die neue Reichsverfassung mit Mißtrauen betrachten und grollend zur Seite stehen, wenn das Reich neu aufgebaut ist"? Wenn es so weit ist, daß die Frage gelöst werden soll, wird ja die Abstimmung darüber Aufschluß geben, und das Postulat läßt sich nicht abweisen, daß dabei das Ergebnis eben der einzelnen Landesteile zu berücksichtigen sein wird. „Soll ein Altpreuße", so ist gesagt worden, „alle die ruhmreichen Erinnerungen, die sich mit der Geschichte seines engeren Vaterlandes verbinden, aus seiner Seele reißen?" Ganz richtig, aber es gibt auch immer noch eine große Anzahl Neupreußen, Mußpreußen, welche gute Deutsche von ganzem Herzen sind und bleiben wollen, denen aber an der Zwischenstufe eines größeren Mittelgliedstaates wenig gelegen ist, und die zunächst lediglich ihrer besonderen Stammeseigentümlichkeit zu leben geneigt sind.

Das Stammesgefühl ist in der deutschen Geschichte ein Faktor, der nie Kraft und Leben verloren hat. Lebt dagegen jetzt in den großen Massen überhaupt noch ein spezifisch preußisches Staatsgefühl?

„Und daß es auch an Altpreußen nicht fehlt, die ebenso denken, erhellt aus dem Begehren, wie es ein Herr v. Batocki stellt. Gerade jemand, der von jeher altpreußisch gewesen ist, der in der preußischen Tradition groß geworden ist und gelebt hat, wird vielleicht finden, daß das neue Preußen, wie es aus der jüngsten Revolution hervorgegangen ist, etwas so total anderes ist, als das Ideal seiner Vergangenheit, daß er auf die Erhaltung der äußeren Form keinen besonderen Wert mehr legt; reiner und heiliger wird es in seinem Gedächtnis weiterleben, wenn diese Form nicht auch noch zur Erreichung von Zwecken mißbraucht wird, die zum Kerne und Wesen seines politischen Denkens und Fühlens in direktem Widerspruche stehen."

Das Problem der Aufteilung Preußens ist nicht so neu, wie die meisten glauben.

Deutschland trat an Preußen mit dem Wunsche, es solle sich im Interesse Deutschlands aufgeben, heran, als v. Gagern im Auftrage der Frankfurter Gewalten nach Berlin zu Friedrich Wilhelm IV. reiste. „Man brauchte das Blut dieser Staatspersönlichkeit, um Deutschland damit zu nähren und man meinte, daß, wenn dieser Staat sich nicht opfere, er dem übrigen Deutschland die Lebensluft wegnehmen werde. Der preußische Staat sollte das ver sacrum Deutschlands sein." (Meinecke a. a. O. S. 383.)

„Öfter schon sind Kaiseranträge von Frankfurt nach Berlin gelangt, wenn Berlin einwilligen wolle, den preußischen Staat in 3, 5 oder 8 Teile zu zerschlagen, das preußische Parlament durch das Frankfurter zu ersetzen." (Polit. Briefe und Charakteristiken aus der deutschen Gegenwart. 1849.)

„Es erscheint wirklich nicht allein nicht notwendig, sondern sogar schädlich, wenn neben dem großen Reichsparlament noch eine fast ebenso große Nationalversammlung in Preußen bestände. Beide würden nur immer in Konflikte geraten. (Der preuß. General v. Willisen am 30. Nov. 1848 an Friedr. Wilh. IV; zit. b. Meinecke a. a. O. S. 385.)

„Indem Preußen seinen Entschluß bekundete, unter allen Umständen, wie auch die deutsche Zukunft sich gestalten möge, eine geschlossene Staatspersönlichkeit zu bleiben, schlug es dem Frankfurter Verfassungswerk eine erste schwere, vielleicht unheilbare Wunde. . . . Die preußische Regierung hatte genau das Gegenteil von dem getan, was die Doysen, Stockmar, Rümelin, Gagern für nötig hielten, um Preußen in den deutschen Bundesstaat eingliedern zu können." . . . „Die Kampagne der Frankfurter in Berlin war gescheitert, Preußen erhielt mit dem 5. Dez. seine konstitutionelle Verfassung, sein Sonderparlament. Kein Zweifel, es war damit ein Keil zwischen Berlin und Frankfurt, Preußen und Deutschland getrieben." (Meinecke a. a. O. S. 389.)

Das Nebeneinander zweier Verfassungen und zweier Parlamente machte sich schon im deutschen Kaiserreich häufig störend bemerkbar. Und doch war es von weit geringerer Tragweite als heute, weil damals die Personalunion zwischen dem preußischen Königtum und dem deutschen Kaisertum Reibungen und Gegensätze zwischen Preußen und dem Reich nicht voll zur Wirkung kommen ließen, während heute die parlamentarischen Systeme Preußens und des Reiches unvermittelt nebeneinander stehen.

VII. Lösungsversuche für das Problem Preußen-Deutschland.

Unverzüglich nach den ersten Bestrebungen zur Aufteilung Preußens setzte die Gegenaktion Preußens ein, und es gelang ihm, das an sich so Selbstverständliche zu verhindern.

So wußte Preußen den Art. 11 des Verfassungsentwurfs Preuß, wonach die Aufteilung sofort durchgeführt werden sollte, zu stürzen. Es wußte dann weiter den im Sommer 1919 von der Nationalversammlung mit großer Mehrheit angenommenen Antrag Koch, durch den die Regierung beauftragt wurde, unverzüglich der Frage der Neugliederung des Reiches näher zu treten, wirkungslos zu machen;[1]) nichts ist bisher im Reichsministerium des Innern in dieser Richtung geschehen.

A. Der Beschluß der Preußischen Landesversammlung vom 13. Dezember 1919 und seine Wirkungen.

Den ersten Versuch, eine Lösung des Problems Preußen-Deutschland in die Wege zu leiten, bedeutet der schon mehrfach

[1]) Durch diesen Antrag Koch wurde die Regierung ersucht „baldigst einen Plan über die Neugliederung des Reiches in Länder im Sinne der wirtschaftlichen und kulturellen Höchstleistung unter Beseitigung der Kleinstaaten und unter möglichster Berücksichtigung des Willens der beteiligten Bevölkerung aufzustellen und seine Durchführung tatsächlich in die Hand zu nehmen."

erwähnte Antrag der Abg. Dr. Friedberg, Gräf, Dr. Porsch u. Gen. vom 13. Dezbr. 1919 in der Preuß. Landesversammlung [1]), durch den die preußische Staatsregierung ersucht wurde, sofort und noch vor Einbringung der endgültigen Verfassung, die Reichsregierung zu veranlassen, mit den Regierungen aller deutschen Länder über die Errichtnng des deutschen Einheitsstaates in Verhandlungen einzutreten. Aber auch dieser Beschluß hat keine Klarheit geschaffen, und anscheinend wollen seine Befürworter ganz verschiedene Ziele damit erreichen. Während der Abgeordnete Dr. Lauscher dabei als Sprecher des Zentrums von einer Zerschlagung Preußens ausgeht, lehnt der Sprecher der Demokraten, der Abg. Dr. Friedberg, ein solches Ansinnen ab. Ersterer führte aus:

„Es wird hier immer wieder davon geredet, daß Preußen nicht aufgelöst werden dürfe, daß Preussen ungeteilt, in voller Integrität, in den deutschen Einheitsstaat übergehen müsse. Ich vermag mir dann — lassen Sie mich das in aller Offenheit aussprechen — eine Werdemöglichkeit für diesen Einheitsstaat nicht zu denken. Es würde ja dann der Prozeß im wesentlichen so verlaufen müssen, daß die übrigen kleineren deutschen Staaten sich, wenn ich so sagen darf, Preußen aggregieren, daß ein allmähliches, zum mindesten äußerliches Anschweißen an Preußen erfolgen würde, das ja in seiner Integrität nicht angetastet werden dürfte. Es muß jeder Zweifel darüber ausgeschlossen bleiben, daß der deutsche Einheitsstaat, den wir erstreben, nicht etwa gedacht ist als ein größeres Preußen."

Der Abg. Friedberg hingegen erklärte in der Sitzung vom 17. Dezember 1919: „Der Gedanke, Preußen in neue Gliedstaaten zu zerschlagen, wird von den Unterzeichnern des Antrages a limine abgewiesen." Der preußische Ministerpräsident, der hiernach das Wort ergriff, hat nicht mit einem Wort versucht, auf diesen

---

[1]) Dieser Antrag lautet:

„Die verfassunggebende Preußische Landesversammlung wolle beschließen:

Durch die Reichsverfassung sind die Grundlagen für den deutschen Einheitsstaat derart geschaffen worden, daß seine Errichtung nur eine Frage der Zeit, der langsameren oder schnelleren Entwicklung ist. Die ungeheuere Not, in der sich das deutsche Volk befindet, die trostlose finanzielle und wirtschaftliche Lage des Reichs wie der Länder und Gemeinden, die ständig wachsenden Schwierigkeiten und Hemmnisse, die das Nebeneinander von Reichsregierung und zahlreichen Landesregierungen zur Folge hat, lassen den Versuch geboten erscheinen, die Zusammenfassung aller Volkskräfte in einem Einheitsstaat sobald als möglich herbeizuführen. In allen Schichten unseres Volkes, unabhängig von der Parteizugehörigkeit, schlägt dieser Gedanke immer tiefer Wurzel, offenbart sich immer stärker die Sehnsucht nach einer Vereinigung aller deutschen Stämme in

Widerspruch einzugehen. Bei seinem Besuch im Rathaus in Köln im Februar 1920 sprach er sich sogar derartig scharf für die Erhaltung Preußens aus, daß der gleichzeitig tagende Provinzialausschuß der Rhein. Zentrumspartei ihm in einer Resolution ausdrücklich entgegentrat.

Auf Antrag des Verfassungsausschusses der preußischen Landesversammlung wurde die Regierung im Februar 1920 ersucht, *alle Anträge auf Abtretung preußischer Gebietsteile zur Schaffung größerer Staatsgebilde abzulehnen*.

Es unterliegt somit keinem Zweifel, daß breite preußische Kreise nicht den deutschen Einheitsstaat erstreben, sondern einen Einheitsstaat, in dem der preußische Wille und Einfluß maßgebend ist, unter Mißachtung der Rechte anderer Volksteile.

Dem Beschluß der Landesversammlung wurde denn auch in den süddeutschen Staaten mit dem schärfsten Mißtrauen begegnet. Man fürchtet dort, daß die angebliche Bereitwilligkeit Preußens zum Aufgehen im Reich nichts anderes bedeute als die *Gefahr einer Verpreußung Deutschlands, indem die preußische Regierung Preußen fahren läßt und statt dessen sich dort in Berlin der Reichsregierung* mehr oder weniger *bemächtigt*. Man fürchtet, die preußischen Einflüsse würden dann, statt sich auf dem Umweg über die preußische Regierung bei der Reichsregierung geltend zu machen, bei der Reichsregierung unvermittelt geltend machen. So war denn auch das Echo in den süddeutschen Blättern

---

einem einzigen großen deutschen Volksstaat, in dem den einzelnen *Stämmen* weitestgehende *Selbstverwaltung* gesichert wird.

Wiederholt hat Preußen durch seine Staatsregierung und Volksvertretung zum Ausdruck gebracht, daß es bereit sei, im deutschen Einheitsstaate aufzugehen, wenn dieselbe Bereitwilligkeit auch bei den anderen Ländern bestehe. Preußen ist im Begriff, sich eine Verfassung zu geben. Als das größte der deutschen Länder erblickt Preußen seine Pflicht darin, zunächst den Versuch zu machen, ob sich nicht bereits jetzt die Schaffung des deutschen Einheitsstaates erreichen läßt.

Aus diesen Erwägungen heraus ersucht die Landesversammlung die Staatsregierung, sofort und noch vor Einbringung der endgültigen Verfassung *die Reichsregierung zu veranlassen, mit den Regierungen aller deutschen Länder über die Errichtung des deutschen Einheitsstaates in Verhandlungen einzutreten*.

auf den Beschluß der preußischen Landesversammlung ein durchaus ablehnendes, ja fast feindseliges.

Nicht nur das Zentrum von Hessen bis Bayern herunter, auch die Demokraten Mittel- und Süddeutschlands stellten sich geschlossen gegen den preußischen Antrag. Auf der großen Jahresversammlung der süddeutschen Demokraten am Dreikönigstag 1920 in Stuttgart stand Payer sogar nicht an, zu erklären, daß das preußische Vorgehen nichts anderes als eine Vergewaltigung der andern deutschen Länder bezwecke.

„Dieser preußische Vorschlag ging über die Belastungsfähigkeit der Friedfertigkeit süddeutscher Partikularisten. Dabei schien er doch so harmlos, so selbstlos; kein Mensch in Berlin wollte verstehen, wie die Brüder jenseits der Mainlinie so in Hitze geraten konnten. Sah man hier nicht Preußen aus freiem Willen das größte Opfer bringen, indem es sich selbst hingab und im Gesamtvaterlande aufging? Die im Süden hörten die Botschaft wohl, allein sie klang in ihren Ohren ganz anders, sie verstanden: Deutschland soll in Preußen aufgehen, die Mannigfaltigkeit deutscher Länder und Stämme soll zentralisiert, nivelliert, verpreußt werden. Deshalb hatten sie für die ganze Einladung nur ein zorniges Nein als Antwort. Leider haben sie nicht ganz falsch gehört. Die erste Anregung zu dem Beschluß war wohl ganz aufrichtig und selbstlos gemeint. Aber so wie die Kundgebung allmählich zurechtgemodelt und dann angenommen wurde, versteckten sich hinter ihr, neben Entgegenkommen und ernsthaftem Willen zur Einheit, auch starke altpreußische Sentiments und ebenso zentralistisches Denken". .... „Niemand kann es leugnen, der Beschluß der preußischen Landesversammlung hat ein altpreußisches Gesicht. Gewiß, Preußen will in das Reich aufgehen. Aber hat nicht vielleicht bei einem Teile der Träger dieses Beschlusses der Gedanke mitgewirkt, damit das Reich zu einem größeren Preußen zu machen?"

„Einmütig war bei den württembergischen, badischen und bayerischen Führern der Demokratie die Ablehnung des Vorgehens der preußischen Landesversammlung ...., sie wollen nicht von Berlin aus und nicht mit ausschließlich preußischen Methoden, nicht von vorwiegend preußischen Beamten, ob sie Puttkamer oder Heine heißen, zentralisiert werden ... Und so wird es auch fürs nächste noch nützlich sein, wenn die demokratischen Parteien des nördlichen und des mittleren Deutschlands entscheidende Probleme des Gesamtvaterlandes nicht ganz auf eigene Faust zu lösen suchen, ohne sich nach dem umgetan zu haben, was die erfahreneren Freunde im Süden dazu sagen werden. Die drei Mehrheitsparteien der preußischen Landesversammlung hätten viel Unheil vermeiden können, wenn sie vor Einbringung ihres Einheitsantrages solcher Selbsterkenntnis und politischen Überlegung Raum gegeben hätten."[1]) Und das Düsseldorfer Tageblatt schreibt in Bewertung jenes Antrages: „So wenig man in Weimar mit dem Föderalismus endgültig hat aufräumen können, so wenig wird das jetzt auf dem Umwege über den preußischen Antrag gelingen. Und bezeichnender Weise hört man bereits, daß es den Vätern des

[1]) Frankf. Zeit. v. 1. I. 1920, v. 8. I. 1920 und v. 12. III. 20.

Antrages selber nicht ganz ernst bei der Sache ist, daß sie vielmehr sich vom Reiche eine Art Quittung geben lassen wollen darüber, daß der Einheitsstaat doch noch nicht möglich ist, um dann in der preußischen Verfassung die preußische Selbständigkeit möglichst stark zu betonen. So wäre dieser Antrag auf Reichseinheit nichts als ein Schirm, hinter dem sich der jetzt demokratisch auftretende preußische Partikularismus seine Stellungen ausbaut"[1])

„So ist von Preußen selbst", schreibt die Frankfurter Zeitung, „schwerlich ein ernster Schritt in dieser Richtung zu erwarten. Wenn es auch erklärt, es sei bereit, im Reiche aufzugehen, so denkt es gar nicht daran, irgendwelche Veränderung in seinem Gebietsumfang vornehmen zu lassen. Der ganze Beschluß der Landesversammlung wirkt um so merkwürdiger, als seine Durchführung zwei Ministern anvertraut wird, von denen jeder Sachkundige weiß, daß sie trotz mancher gelegentlichen Redewendungen genau solche Partikularisten sind wie irgend ein altpreußischer Junker."[2])

Hier liegt ein schweres Versäumnis, denn im nächsten Jahre ist die Sperrfrist des Artikel 18 abgelaufen, und jedem Landesteil steht dann der Weg offen, die Lösung der Frage auf eigene Faust in Angriff zu nehmen.

Das deutsche Volk lehnt in seiner Mehrheit sowohl den zentralistischen Einheitsstaat ab als auch einen Einheitsstaat unter Preußens Vorherrschaft, und diese wird kommen, wenn es Preußen ermöglicht würde, ungeteilt und in voller Integrität in den deutschen Einheitsstaat überzugehen.

Gegenüber einem sehr optimistischen Artikel der „Germania" bezeichnet der „Bayrische Kurier", das führende Blatt des bayrischen Zentrums, in einem Aufsatze „Die letzten Schleier fallen" Preußens Forderung des deutschen Einheitsstaates als Symptom der fortschreitenden Zersetzung des Reiches, als Preußens Verzicht auf jene staatsbildenden Kräfte, auf denen Preußen und das

---

[1]) Düsseldorfer Tageblatt v. 9. Januar 1920.

[2]) Frankfurter Zeitung 19. Dezember 1919.

Der demokratische Oberbürgermeister Koch, jetzige Reichsminister, hat die Aufteilung am 15. Februar 1919 in der Allgemeinen Zeitung mit Entschiedenheit gefordert, ebenso entschieden aber kurze Zeit danach, am 29. März 1919 im Berliner Tageblatt, abgelehnt. Im Sommer 1919 hat er dann den bekannten Antrag in der Nationalversammlung gestellt, dessen Erledigung nunmehr seiner Obhut anvertraut ist.

In sehr skeptischem Sinne äußert sich die „Münchener Zeitung":

„Seitdem aber der Antragsteller Koch Reichsminister geworden ist", schreibt die Frankfurter Zeitung, „ist es stille damit geworden," Mit Recht ruft sie ihm ins Gedächtnis zurück, daß er bei seinem Amtsantritt eine besondere Zentralstelle in seinem Ministerium hierfür in Aussicht gestellt habe. „Leider ist dies", so schreibt sie, „bisher noch nicht geschehen Das Vorgehen der Mehrheitsparteien in der preußischen Landesversammlung wird den verantwortlichen Reichsminister belehren, daß auf diesem Gebiete keine Zeit zu verlieren ist, und daß jedes Zögern sich verhängnisvoll rächen kann."

Reich geschichtlich beruhten. Für seine Gebietseinbußen wie den völligen Verlust seiner wirtschaftlichen Vormacht trachte Preußen unter formaler Preisgabe seines staatlichen Eigenlebens nach neuen wirtschaftlichen Quellen. Das sei ebenso kurzsichtig wie haltlos vom Standpunkt Preußens wie des Reiches. Eine solche Politik müsse die Reichseinheit zerstören. So könne es unmöglich weiter gehen. Das bayerische Volk lasse seines Staates Rechte nicht länger in den Schmutz treten. Es verlange die Volksentscheidung. — Das Münchener Tageblatt meint, die Bewegung laufe auf ein Großpreußen heraus, eine Politik, die die Reichseinheit geradezu zerstören müsse.

„In Bayern wird die ohnehin schon vorhandene partikularistische Bewegung zur separatistischen werden. Die bisher nur unter der Oberfläche betriebene Politik einer Loslösung vom Reich wird viel deutlichere Formen annehmen und dabei Zustimmung in weiten Kreisen finden. Man täusche sich nicht über die Stärke und den Umfang solcher bayrischen Strömungen. Gewiß werden die Führer der demokratischen und sozialdemokratischen und auch der bayrischen Mittelparteien zum Reich halten, aber ob sie ihre Wählermassen hinter sich hätten, wenn sie in die Berliner Straße einbiegen, ist eine andere Sache. Daß ein großer Teil nicht mitgehen würde, steht heute schon fest. Man braucht nur die Mahnung der vereinigten Verbände des bayrischen Verkehrspersonals zu lesen, um das bestätigt zu finden. Diese Verbände sind zum großen Teil sozialistisch, zum Teil sogar unabhängig, und doch nehmen sie in schärfster Form gegen den deutschen Einheitsstaat Stellung."

Die bayrische Soz. Korrespondenz schreibt: „Seien wir dankbar, daß uns das Reich über alle Gefahren erhalten geblieben ist; die Idee des Einheitsstaates wird das Reich zerstören.

Das Organ der Demokratischen Fraktion, die Süddeutsche demokratische Korrespondenz, meint geradezu, das Vorgehen Preußens bedeute das Grab des Deutschen Reiches.

„Das preußische Drängen auf sofortige Verwirklichung des verpreußten Einheitsstaates hat mit einem Schlage den Partikularismus in neuer Form zu einer großen Bewegung in Süddeutschland gemacht, hinter der sich bedrohlich wachsend der Separatismus erhebt. Nicht nur das Zentrum ist in Bayern von diesen gegen den Unitarismus gerichteten Strömungen beherrscht. Auch die demokratische Presse Bayerns, die in der Pflege des Reichsgedankens von jeher ihre vornehmste Aufgabe erblickt hat, sieht sich veranlaßt, dem preußischen Vorstoß mit größter Entschiedenheit entgegenzutreten."

Die „München-Augsburger Abendzeitung" vermutet, daß es nicht so sehr der Gedanke der Reichseinheit sei, der den Entschluß diktierte, sondern das Bestreben, sich den innerpreußischen Schwierigkeiten zu entziehen. Man wolle die Loslösungsbestrebungen einzelner preußischer Landesteile illusorisch machen und zugleich die beherrschende Berliner Stellung sichern. Die Bundesstaaten dürften aber angesichts der schon außerordentlich unsicheren Gesamtlage des deutschen Volkes wenig Lust verspüren, sich Preußen zuliebe in ein derartig gewagtes Experiment einzulassen, das alle zur Zeit gegebenen staatlichen

Grundlagen über den Haufen würfe. Die Reichsverfassung habe die Möglichkeit geboten, den Gedanken der Reichseinheit je nach dem Maße innerer Notwendigkeit auf dem Wege allmählicher Entwicklung durchzusetzen. Dieser Zustand habe seine ideellen und materiellen Vorteile gehabt, er habe den Vertretern des Partikularismus Zeit gelassen, sich schrankenlos mit den erweiterten Gesichtspunkten der Reichsinteressen vertrauter zu machen und sich mit dem Einheitsgedanken innerlich abzufinden.

Die „Münchener Neuesten Nachrichten" sagen, es sei begreiflich, daß alle diejenigen, die von dem Recht der deutschen Stämme und Länder auf eine individuelle Existenz im Rahmen des Reiches überzeugt seien — und das Blatt bekennt sich ausdrücklich zu dieser Überzeugung — geneigt seien, von der Verwirklichung des Antrages verhängnisvolle Folgen für den Bestand der Länder und angesichts der Stimmung namentlich in Süddeutschland auch für den Bestand des Reiches selbst zu besorgen. Das Organ der demokratischen Partei Bayerns, die „Süddeutsche demokratische Korrespondenz" tritt unter dem Motto „Hände weg" in allerschärfster Form gegen die Idee des verpreußten Einheitsstaates auf, die reichszerstörend wirke, da sie den separatistischen Bestrebungen Vorschub leiste.

Auch die mehrheitssozialistische „Münchener Post" wendet sich mit Schärfe gegen den Gedanken, Deutschland einer neuen Zentralherrschaft Berlins und Preußens auszuliefern. Die politischen und parlamentarischen Vorgänge der letzten Zeit seien nicht danach angetan, die Bedenken zu zerstreuen, die eine solche Entwicklung mit sich bringen könnte. So ist auch innerhalb der Sozialdemokratie die gegen den zentralistischen Einheitsstaat und gegen die Vorherrschaft Preußens gerichtete Stimmung offensichtlich im Wachsen. Auch ist es nicht ohne Bedeutung, daß sich die sozialdemokratischen Verbände des bayerischen Verkehrspersonals in scharfem Protest gegen eine weitere „Verreichlichung" des Verkehrswesens gewandt haben. Schließlich hat sich mit elementarer Kraft ein „Deutscher Bund" gebildet, um den föderativen großdeutschen Gedanken zu pflegen und gewisse föderative Grundlagen gegenüber einer Überspannung zentralistischer Bestrebungen zur Geltung zu bringen. Diesem Bunde gehören auch führende Persönlichkeiten der Sozialdemokratie an. Der Widerstand gegen einen Einheitsstaat, dessen einzig denkender und leitender Kopf Preußisch-Berlin ist, und dessen willenlos dienende Glieder die bisherigen Einzelstaaten werden sollen, ist somit stark in Zunahme begriffen.

Die Stimmung in Süddeutschland ist ein ernstes Warnungssignal für die Reichsleitung, den Bogen einer verpreußenden Zentralisation nicht zu überspannen. „Hätte das Reich nicht alle die Befugnisse, die es gehabt hat, immer in so streng zentralistischem

Sinne ausgeübt, hätte es nicht immer versucht, da, wo es zuständig war, alles bis zur letzten Beamtenstelle und bis zur letzten Lieferung eines Fuders Heu, bis in die letzten Enden der deutschen Bundesstaaten selbst von Berlin aus zu regeln, hätte es auch da, wo es zuständig war, dezentralistisch gearbeitet, es wäre niemals zu dieser maßlosen Erbitterung gegen Preußen und Berlin in den süddeutschen Staaten gekommen." (Abg. Koch, Cassel, sten. Ber. S. 294 A.) Sie ist aber gleichzeitig eine Warnung für die Parteien, Bestrebungen, die den Ländern das Mindestmaß an Selbständigkeit, das ihnen durch die Weimarer Verfassung noch garantiert ist, entziehen wollen, mit aller Entschiedenheit entgegenzutreten.

Der Parteitag der bayrischen Volkspartei vom 9. Januar 1920 hat bereits in schroffer Absage die bisherige enge Verbindung mit der Zentrumspartei des Reiches gelöst. Es ist aus den Vor- und Hergängen des Münchener Parteitages bekannt, daß das Rufen nach dem unitaristischen Einheitsstaat, wie es in der Entschließung der preußischen Landesversammlung und in der in Stuttgart gehaltenen Rede des Finanzministers Erzberger[1]) Ausdruck gefunden hat, der unmittelbare Anlaß zu dem Parteibeschluß der Abtrennung vom Reichstagszentrum gewesen ist.

Der Sturm, der sich in Süddeutschland gegen eine zu weitgehende Zentralisierung und Verpreußung erhoben hat, wird jedenfalls von allen Parteien im Reiche, die sich ihrer Verantwortung bewußt sind, nicht leicht genommen werden dürfen. Er wird für sie ein neuer und besonders schwerwiegender Grund sein, die Frage eines solchen Reichsaufbaues, der der Einheit des Ganzen wie der Freiheit der einzelnen Stämme gleichermaßen gerecht wird, endlich mit allem Ernste und Nachdruck in Angriff zu nehmen.

Alles Reden vom Einheitsstaat, soweit es von Preußen ausgeht, weckt in Süddeutschland nur Mißmut und Abneigung, solange nicht das Gebiet Preußens in Länder von normaler Größe zerlegt wird.

Die Frankfurter Zeitung schreibt mit Recht: „Es ist in der Tat in diesem Augenblick nicht Sache Bayerns oder anderer Mittel- und Kleinstaaten, den nächsten Schritt zur Reichseinheit zu tun;

---

[1]) Erzberger betonte: „Ich stehe und falle mit dem Einheitsstaat." Held sagte dazu in München: „Die Rede Erzbergers in Stuttgart hat dem Faß den Boden ausgeschlagen."

sondern, wenn ein Schritt getan werden soll, so ist die Reihe an Preußen. Die übrigen Länder haben nicht viel mehr aufzugeben als Namen und Schein ihrer Selbständigkeit. .... Diese Länder werden mit einigem Recht sagen: Was bleibt uns denn zu tun und an das Reich abzugeben noch übrig!"[1])

Die Erkenntnis der Notwendigkeit der Aufteilung Preußens ist daher in Wirklichkeit „keine Parteifrage im engeren Sinne"; das Bedenken, daß wegen der Besetzung des Rheinlandes durch den Feind heute nicht der geeignete Zeitpunkt für die Durchführung der Maßnahme sei, ist nicht stichhaltig, denn der Reichsverband bleibt doch, wenn auch die zweite und daher überflüssige Zentrale Preußen beseitigt wird. Preußen überschätzt sich, wenn es glaubt, eine Klammer besonderer Art darzustellen. Die Lösung der durch nichts gerechtfertigten preußischen Fessel wird im Gegenteil dem Reichsgedanken nur förderlich sein; zahlreiche reichsverdrossene Elemente werden dadurch dem Reiche innerlich wieder gewonnen. „Es ist das Deutschtum nicht gefährdet, wenn es keine preußische Hegemonie mehr gibt".[2]) „Innere Kraft haben solche separatistische Bestrebungen nur, soweit sie sich gegen Preußen richten, aber nicht gegen die nationale Einheit des Reiches."[3])

B. Der Entwurf einer preußischen Verfassung.

Nach dem leidenschaftlichen Widerstand, den der Beschluß der Preußischen Landesversammlung vom 13. Dezember 1919 in Mittel- und Süddeutschland fand, trotzdem die Gefahr einer weiteren Verpreußung Deutschlands nur ganz verschleiert darin zum Ausdruck kam, hätte man annehmen sollen, daß der kurz darauf veröffentlichte Entwurf einer preußischen Verfassung diesen Verhältnissen in etwa Rechnung trüge und näher dargelegt hätte, wie man sich die Verwirklichung der angeblich vorhandenen selbstlosen Bereitwilligkeit Preußens zum Aufgehen im Reiche denkt.

Statt dessen aber versucht der preußische Verfassungsentwurf die Lösung des preußisch-deutschen Problems in ganz einseitig

[1]) Frankf. Zeitung v. 19. Dez. 1919.
[2]) Graf Bothmer im „Tag" v. 22. Jan. 1920.
[3]) Denkschrift zum 1. Entwurf einer Reichsverfassung.

preußischem Sinne herbeizuführen. Während er nämlich im allgemeinen unter mangelnder Initiative und Charakterlosigkeit leidet, so daß er mehr einer Geschäftsordnung als einer Verfassung gleicht, zeigt er in einem Punkte Charakter und feste Linie, nämlich in dem Willen, im Reiche nicht aufzugehen, im Bekenntnis zum zentralistischen preußischen Einheitsstaat. Der Bestand der preußischen Zentralgewalt soll neu und dauernd gefestigt werden.

„Das ist das Merkwürdige: bei aller fast absichtlichen Dürftigkeit des Verfassungsentwurfs läßt er doch gerade von der so oft bekundeten Bereitwilligkeit im Reiche aufzugehen, gar wenig erkennen. Wohl verzichtet er auf einen besonderen Staatspräsidenten mit der Begründung, daß dem ebenfalls in Berlin wohnenden Reichspräsidenten nicht so etwas wie eine Konkurrenz auf die Nase gesetzt werden soll. Aber das ist schließlich mehr eine Äußerlichkeit. Wichtiger ist doch die Frage, was der Entwurf vorsieht, um einen gedeihlichen Fortgang der Entwickelung, die zum Aufgehen Preußens im Reiche führen soll, zu fördern und zu gewährleisten, also namentlich, was er tut, um die Stellung der bisherigen Provinzen zu heben und die im Laufe der Entwicklung notwendig werdenden Verfassungsänderungen zu erleichtern. Die Antwort auf beide Fragen ist leider ein glattes und plattes: Nichts! Der Entwurf spricht von der Selbstverwaltung einstweilen nur im Sinne der Erhaltung des Bestehenden und vertröstet die Provinzen im übrigen auf ein „besonderes Gesetz". Man kennt das; solche Verfassungsbestimmungen sind manchmal nur dazu da, über Schwierigkeiten des Augenblicks hinwegzugleiten und — die Zukunftswechsel niemals einzulösen. Der Entwurf erschwert sogar selbst eine künftige Entwickelung der Provinzen;[1]) . . . der preußische Entwurf will nämlich für Verfassungsänderungen die einfache Mehrheit nicht genügen lassen, sondern verlangt dafür eine Zweidrittelmehrheit. Hier tritt doch weit eher das Bestreben zutage, an der verfassungsmäßigen Lage in Preußen möglichst alles so, wie der Entwurf sie neu stabulieren will, auch hinfort unverändert zu lassen. Damit geschieht für die alte preußische Staatlichkeit zuviel, für die Aufgabe des heutigen

[1]) Dies ist um so merkwürdiger, als die Reichsverfassung ausdrücklich bestimmt, daß die Hälfte der preußischen Stimmen im Reichsrat von den Provinzialverwaltungen in Preußen bestellt sein müssen. (Art. 63 der Reichsverfassung.)

Preußen zu wenig. Aus der resignierten Dürftigkeit des Entwurfs scheint daher viel mehr so etwas wie ein Protest gegen die Beschränkung der preußischen Staatsgewalt durch die Reichsverfassung als die Bereitwilligkeit, im Reiche aufzugehen, zu sprechen.“ [1])

Der Verzicht auf einen Staatspräsidenten, so gerechtfertigt er an sich wohl ist, kann daher für sich allein nicht befriedigen, zumal ihm auf der anderen Seite die Einführung des Einkammersystems gegenübersteht, das durch den vorgesehenen Finanzrat nur eine sehr schwache Bremse erhält. Sogar dem Volk soll in Preußen lediglich die indirekte Ausübung seiner Staatsgewalt anvertraut werden, von der unmittelbaren Betätigung des Volkes durch Referendum und Initiative kein Wort!

Der Entwurf will also einem einzigen Parlament, das auf 4 Jahre gewählt wird, die ganze Fülle der Staatsgewalt übertragen, ohne Einschränkung, ohne Kontrolle, ohne ein wirksames Mittel gegen übereilte oder überspannte Beschlüsse. Ein solches Einkammersystem bedeutet aber den parlamentarischen Absolutismus in Reinkultur. Jeder Absolutismus ist gefährlich: nicht bloß der persönliche, wie er in Rußland zur Zarenzeit üblich war, auch der Absolutismus einer Körperschaft, die nur aus fehlbaren Menschen besteht, die im Fieber der heftigen Debatten oder im Wirbel des Parteigetriebes zu bedenklichen Entschlüssen kommen kann und bei der in der Massenabstimmung das Verantwortlichkeitsgefühl des Einzelnen, die persönliche Gewissenhaftigkeit leicht in den Hintergrund gerät.

Gegen den fürstlichen Absolutismus hat man erst die ständische und dann die allgemein gewählte Volksvertretung mit immer mehr Vollmachten der Mitarbeit und der Kontrolle ausgestattet. Wo das demokratische System zum Durchbruch gelangt war, hat man fast überall den mächtigen Volkskammern ein Oberhaus, einen Senat oder sonst eine Erste Kammer zur Seite gestellt. Auch in England, obschon man dort noch einen König hat mit gewissen formalen Vorrechten und der Möglichkeit einer persönlichen Autorität. Auch in den Vereinigten Staaten, obschon man dort einen unmittelbar vom Volk erwählten Präsidenten hat, der gegenüber dem Parlament mehr Rechte besitzt, wie der englische König. Auch im neuen Deutschen Reich hat die verfassunggebende Nationalversammlung ihrem Nachfolger, dem Reichstage, ein in etwa retardierendes

[1]) Dr. K. Bachem, Köln. Volkszeitung v. 6. III. 1920 Nr. 183.

Element als Ersatz für eine Erste Kammer an die Seite gestellt, den Reichsrat: „zur Vertretung der deutschen Länder bei der Gesetzgebung und Verwaltung des Reiches.“ [1])

Über eine Zentralisation der ganzen Staatsgewalt in einer einzigen, unverantwortlichen und unbeschränkten Körperschaft, wie sie der preußische Verfassungsentwurf vorsieht, ließe sich nur dann reden, wenn diese preußische Regierung nur eine beschränkte Anzahl von wenigen geschäftlichen Aufgaben zu lösen hätte; das ist aber keineswegs der Fall; ihr soll vielmehr in zentralistischem Geiste möglichst viele Macht verbleiben. So zeigt dieser Entwurf, altpreußischen Methoden folgend, keinerlei Geneigtheit, den Forderungen der Zeit gerecht zu werden. Man kann daher das harte Urteil begreifen, das ein demokratisches Blatt fällte mit den Worten: „In diesem Verfassungsentwurf liegt eine der faulsten Früchte der unnatürlichen Kreuzung eines sozialdemokratischen Ministers mit bureaukratischer Engherzigkeit und altpreußischem Zentralismus.“

Breiteste Kreise sind sich darüber klar, daß die dem Regierungsentwurf einer preußischen Verfassung zugrunde liegenden partikularistischen Tendenzen eine direkte Gefahr bedeuten für den Bestand des Reiches. Die Neubefestigung der Zentrale Preußen türmt ein unübersteigbares Hindernis auf vor die Verwirklichung des organisch gegliederten deutschen Einheitsstaates. Es wird diesem damit von vornherein ein Wasserkopf aufgesetzt, der alle Kraft an sich zu ziehen sucht und die übrigen Glieder verkümmern läßt. Damit bietet die Verankerung der preußischen Zentrale in Berlin neben der Reichszentrale eine solche Gefahr der Verpreußung des Ganzen, daß dadurch die separatistischen Elemente in Süddeutschland neue Kraft bekommen. Man will sich um so weniger von Berlin aus beherrschen lassen, als die unglückliche Gestaltung unseres politischen Schicksals die Reichshauptstadt in eine exzentrische Lage gedrückt hat, so daß sie nicht mehr als Mittelpunkt des Deutschen Reiches betrachtet werden kann.

C. Anderweitige Vorschläge zur Lösung des preußischen Problems.

Es werden von verschiedenen Seiten im Gegensatz zum preußischen Verfassungsentwurf andere Vorschläge gemacht, das Problem Preußen einer Lösung entgegen zu führen, auf daß es kein

[1]) Art. 69. Über die verfassungsrechtliche Stellung des Reichsrates siehe auch S. 8.

Hindernis mehr bilde für die Verwirklichung des organischen Einheitsstaates.

1. Der erste Vorschlag geht dahin, **den preußischen Provinzen Selbstverwaltung zu gewähren.** Dieser Weg führt aber nicht zum Ziel, denn:

a) Preußen wird in eine wirkliche Selbstverwaltung der Provinzen nicht einwilligen. Der Beweis liegt in der Karikatur des Autonomie-Gesetzentwurfes, den die preußische Regierung im Frühjahr 1919 auf das Drängen nach Verselbständigung der Provinzen vorzulegen wagte. Mit Recht verschwand dieses Zerrbild einer Provinzautonomie in der Versenkung, die man nur geben wollte, um eine wirkliche Autonomie zu verhindern. An ihr hatte kein Mensch ein Interesse. Daß der Verfassungsentwurf sich gleich ablehnend gegen die Vermehrung der Provinzrechte verhält, wurde bereits gesagt.

So wird Preußen auch bei angeblicher Gewährung von Provinzautonomie sich als Einheitsstaat zu erhalten wissen und dem deutschen Einheitsstaat im Wege stehen. Die bestenfalls zu erreichende Dezentralisation wird den preußischen Unitarismus nicht besiegen können.

b) Eine autonome Selbstverwaltung der Provinzen bei Erhaltung des preußischen Staates kann auch von diesem jederzeit im Verordnungswege, bezw. durch preußisches Gesetz geändert werden. Werden die bisherigen preußischen Länder aber Staaten, dann kann nur durch besonderes, die Verfassung änderndes Reichsgesetz an den festgelegten Kompetenzen der Länder etwas geändert werden.

c) Die mit Provinzautonomie verbundene Erhaltung der preußischen Zentrale ergibt eine unnütze Weitläufigkeit der Verwaltung, indem die Provinzen dann unter Aufsicht des preußischen Staates arbeiten, über dem dann wieder das Reich steht. Die preußische Zwischeninstanz ist überflüssig. Eine der beiden Instanzen verkümmert oder schaltet die andere aus.

Wie also Preußen als Staat überflüssig ist neben dem deutschen Einheitsstaat, so auch als Verwaltungsorganismus. Die großbetrieblichen Aufgaben sind auf das Reich übergegangen. Als Organ der unmittelbaren Reichsverwaltung für Eisenbahn, Finanzen usw. ist der preußische Bezirk zu groß; tatsächlich schafft denn auch das Reich nicht ein preußisches Finanzamt entsprechend dem bayrischen, badischen, württembergischen Finanzamt sondern es richtet unabhängig von der preußischen Zentrale mehrere Finanzämter für Preußen ein.

Auch für die Aufgaben der eigentlichen Selbstverwaltung, die das Reich den Ländern überläßt, hat die preußische Zentrale in Berlin keine Existenzberechtigung mehr. Die durch Reichsrahmengesetzgebung geregelten Gebiete: Schul-, Armen-, Gesundheitswesen, Wohnungs- und Siedlungswesen, Jugend- und Wohlfahrtspflege erfordern spezielle Bearbeitung für innerlich gleichgeartete Landesbezirke. Preußen mit den starken Charakterunterschieden in seinen West- und Ostteilen kann die Landesgesetzgebung für diese verschiedenen Kulturgebiete nicht einheitlich regeln. Darum muß die preußische Zentrale aufgelöst werden und das Gebiet neugegliedert werden in Länder von solcher Größe und innerer Kultureinheit, daß eine geordnete Selbstverwaltung ohne überflüssige Häufung der Zwischeninstanzen gewährleistet ist.

2. Der zweite Vorschlag geht dahin, **die preußischen Provinzen allmählich zu Reichsprovinzen zu erheben.** Die preußische Schale soll also später fallen gelassen werden. Das übrige Deutschland soll dem dann angepaßt, somit die süddeutschen Länder zu Reichsprovinzen erniedrigt werden.

Aber auch dieser Weg ist nicht gangbar; denn:

a) Damit bleibt die berechtigte Erbitterung in Süddeutschland gegen die drohende Vernichtung der ohnehin schon so stark beschnittenen staatlichen Selbständigkeit bestehen; es wird damit den separatistischen Strömungen Vorschub geleistet, denn in allen Parteien Süddeutschlands sehen wir einen elementaren Willen, sich den letzten Rest staatlichen Eigenlebens nicht rauben zu lassen.

b) Die Hoffnung, man könne die preußischen Provinzen allmählich emporführen in unmittelbare Reichsprovinzen ist bei der Eigenart des Altpreußentums ausgeschlossen. Das Fehlen jeder Rücksichtnahme auf die Selbständigkeitswünsche der preußischen Länder im preußischen Verfassungsentwurf beweist den krassen Zentralisationswillen, der in Preußen lebendig ist. Dagegen gibt es nur ein Mittel: die alsbaldige Inangriffnahme einer Beseitigung der preußischen Zentralregierung.

3. Der 3. Vorschlag geht dahin, daß die preußischen Provinzen auf dem Wege der Selbstverwaltung allmählich **zu selbständigen Ländern erhoben werden** und damit die gleiche Stellung wie Bayern usw. erhalten. Nach diesem Plane sollen also zur Erzielung einer organischen Gliederung des Reiches n i c h t d i e s ü d d e u t s c h e n

Staaten auf das Niveau von Provinzen herabgedrückt werden, sondern die preußischen Provinzen auf das Niveau der süddeutschen Länder emporgehoben werden. Dieser Vorschlag ist ohne Zweifel viel geeigneter als die vorhergehenden, den organisch-gegliederten Einheitsstaat zu verwirklichen. Ihm steht nur das Bedenken entgegen, daß es unzweckmässig erscheint, wenn alle preußischen Provinzen sich zu Staaten auswachsen, weil sie teils nicht groß, teils wirtschaftlich nicht gefestigt genug sind, um jede einzeln einen Staat zu bilden. Es scheint wertvoller, die Neugliederung des preußischen Staates auf Grund der wirtschaftlichen und kulturellen Bedürfnisse in etwa 4 bis 5 Länder ohne starre Bindung an die bisherigen, zahlreichen Provinzen vorzunehmen. Wie die kleinen Staaten, so müssen auch die kleinen preußischen Provinzen derart zusammen gelegt werden, daß daraus existenz- und leistungsfähige Länder von normaler Größe entstehen. Wir wollen wurzelechte Gebilde, die befähigt sind, die wirtschaftliche und kulturelle Höchstleistung zu garantieren.

D. Gewaltsame Versuche der inneren Umgestaltung Deutschlands.

I.

Da der rechte Weg zur inneren Umgestaltung Deutschlands nicht frühzeitig genug gefunden wurde, entlud sich die innere Spannung in schweren Krisen und furchtbarem Bürgerkrieg. Der verbrecherische Versuch von Kapp und Genossen, die innere Umgestaltung Deutschlands durch einen Gewaltakt plötzlich in eine bestimmte Bahn zu zwingen, ist gescheitert. Er hat aber grell die Tatsache beleuchtet, wie stark im alten Preußen noch der Wille zur Reaktion, zur preußischen Methode des Militarismus und zur Durchsetzung des eigenen Willens bestimmter Persönlichkeiten gegen den Volkswillen ist.

Es waren dieselben „Piraten der öffentlichen Meinung", die vor und während des Krieges, lediglich auf den Machtgedanken gestützt, ihr folgenschweres Hazardspiel spielten, die sich jetzt mit der gleichen bodenlosen Kurzsichtigkeit und Verblendung gegen die junge Republik verschwörten. Sturz der Republik, Sprengung der Nationalversammlung, Einsetzung einer Militärdiktatur, um einem Hohenzollernprinzen den Weg frei zu machen, war ihr verbrecherisches Ziel. Und dies zu einem Zeitpunkt, wo alles dagegen sprach, daß nicht nur das arbeitende Volk, sondern ebenso weite

Bürgerkreise auch nur einen Tag die Diktatur dieser Schuldbeladenen ertragen würde. In einem Augenblick, wo das neue Deutschland mit wiederaufbauender Arbeit begann und sich die ersten Zeichen eines erwachenden Vertrauens zum demokratischen Deutschland im Auslande bemerkbar machten, verursachten dieselben, die zum Kriege trieben, den Bruderkampf. Es sind die „Führer“ und „Intellektuellen“ der wilhelminischen Zeit und aus dem preußischen Herrenhause, die durch diese Aktion wiederum einmal beweisen wollten, wie ihr Blick nicht über Berlin, ihr kleines Ich und den Militarismus hinausgeht. Ja, diese Hüter des monarchischen Gedankens scheuten sich nicht, Truppen, die auf den Schutz der republikanischen Regierung vereidigt waren, und denen das Volk im Vertrauen auf ihren Soldateneid Waffen in die Hände gab, zum Meineid zu verleiten, wenn es nur ihrem Machtstreben diente.

Nichts, kein verlorener Krieg, keine Revolution, nicht die Gegnerschaft und Meinung der ganzen Welt, ist stark genug gewesen, ihnen die zu einer erfolgreichen Politik notwendige Erkenntnis für Realitäten zu geben; nichts hat ihr Selbstbewußtsein, ihre maßlose Überhebung, diesen Erbfehler altpreußischer Stammesart auf das notwendigste Maß herabzusetzen vermocht. Nur eine Realität kennen sie, und das ist der preußische Militarismus.

Wie die ganze Aktion geboren war aus preußischem Geist, so setzten die Anstifter ihre Hoffnung auf Preußen und fanden auch tatsächlich Erfolg in Altpreußen. Sogar der sozialdemokratische Oberpräsident von Ostpreußen Winnig erklärte sich vollständig solidarisch mit der Kapp'schen Regierung. Mit Hilfe der preußischen Vormacht hofften Kapp und Genossen ganz Deutschland unter ihren Willen zu zwingen. So ist es nicht Zufall oder Laune des Augenblicks, sondern klare Berechnung, daß Kapp sofort die Personalunion zwischen dem Reich und Preußen wiederherstellte. Indem er sich zum Reichskanzler proklamierte, erließ er gleichzeitig Verfügungen als preußischer Ministerpräsident. Er erhebt es sogar zu einem Programmpunkt seiner Regierung, daß der preußische Ministerpräsident wieder Reichskanzler von Deutschland sein soll. Er wußte, daß nur mit der preußischen Vormacht in seinen Händen, nur in einem Preußen-Deutschland seinem Putsch irgend ein Erfolg beschieden sein konnte.[1])

[1]) Etwas anderes wäre die Übernahme der Funktionen des preußischen Ministerpräsidenten auf den Reichskanzler, um den Dualismus zwischen Preußen und dem Reich zu mildern und den Auflösungsprozeß Preußens einzuleiten. Kapp verfolgte aber das entgegengesetzte Ziel.

Wie dieses Mal, so wird es immer gehen; ein starkes Preußen wird dauernd der Hort reaktionärer Strömungen bleiben. Wenn daher Preußen in seinem heutigen Umfang bestehen bleibt, wird das Reich und die junge Demokratie keine Ruhe finden vor reaktionären Machtproben.

II.

Nach dem von Berlin ausgehenden Versuche der preußischen Reaktion, die innere Umgestaltung Deutschlands in ihrem Sinne zu erzwingen, ging wiederum von Berlin auch der Gegenstoß der bolschewistischen Elemente aus. Ihnen genügte aber nicht die Abwehr, die Gunst des Augenblicks bot ihnen vielmehr willkommenen Anlaß zu dem Versuch, Deutschland die Räteherrschaft aufzuzwingen. Die furchtbaren Übergriffe des Kommunismus beweisen, daß die preußische Volksseele noch falsch orientiert ist; sie pendelt zwischen Extremen und glaubt die Diktatur von rechts nur besiegen zu können durch die Diktatur von links. Im preußischen Volke scheint mehr als in den anderen Volksstämmen der Sinn für wahre Volksfreiheit erstorben zu sein. Sonst hätte die berechtigte Abwehr des Angriffes auf die Demokratie nicht in so schreckliche eigene Schuld der Massen ausarten können, indem sie dem Brudermord von rechts den Massen-Brudermord von links und den Bürgerkrieg entgegen stellten. Aber der von Preußen so gepflegte Militarismus war die Vorschule für den organisierten Kampf des Radikalismus. Die militaristisch geschulten Kommunisten verwandeln sich in der Hand ihrer Führer zu einer geschlossenen Kampftruppe, die ganz andere Erfolge zu erzielen vermag als lose Massen, denen nur der Zufall unbekannte Waffen in die Hand gibt. Wir stehen vor der großen Gefahr, daß über Deutschlands innerpolitische Entwicklung fortan immer diejenigen bestimmen werden, denen die meisten Maschinengewehre zur Verfügung stehen.

Diese Gefahr steigert sich mit der zunehmenden Zentralisation des Staates. Wir sehen wie der Bruderkampf in Preußen die ganze Reichsregierung lähmt. Je mehr und je wichtigere Aufgaben diese zu erfüllen hat, desto folgenschwerer ist ihre Ausschaltung für das ganze Reich. Hat aber das Reich sich organische Unterglieder erhalten, so vermögen diese zeitweise die Aufgaben der Reichsregierung für ihren Landesteil fortzuführen und so die Folgen einer Hemmung der Reichsregierung zu vermindern. Haben wir schon im Kriege 1870/71 gesehen, daß das zentralistische Frankreich besiegt war in dem Augenblick, da seine Hauptstadt genommen war, so sehen wir auch heute in Deutschland, wie die Folgen des Bürgerkrieges in Berlin sich viel folgenschwerer bemerkbar machen für das zentralistische Preußen als für die süddeutschen Staaten. Die letzteren wissen, daß sie außer Berlin noch ein staatliches Eigenleben zu schützen haben und leisten daher der kommunistischen Ansteckung stärkeren Widerstand als das allein von Berlin dirigierte Preußen. Für dieses scheidet mit Berlin gleichzeitig die Reichszentrale und die Landesverwaltung aus. Der größte Bundesstaat, der $^{2}/_{3}$ des Reichsgebietes umfaßt, ist also dem Übergreifen und den Folgen eines Berliner Putsches besonders wehrlos ausgesetzt.

Aber auch für die süddeutschen Staaten und für alle Reichsbewohner vermehren die Vorgänge in Berlin die Sorge vor der zu scharfen Zentralisierung im neuen Einheitsstaat. Wie ist mit der Ausschaltung der Reichszentrale die dort zusammengefaßte Lebensmittelversorgung, der Verkehr, die Finanzverwaltung gefährdet zum Schaden des Ganzen! Die Folgen eines längeren Versagens der Reichszentrale für die Gesamtheit sind im straffen und dabei dicht bevölkerten Einheitsstaate gar nicht auszudenken.

E. Was demgegenüber verlangt werden muss.

Darum müssen wir gerade nach den Geschehnissen der letzten Zeit immer energischer darauf hindrängen, daß mit der Entwicklung zum deutschen Einheitsstaat nicht dessen organische Grundlage vernichtet wird. Wir wollen, wie in Vorstehendem ausgeführt, eine starke Zentralleitung zur Bewältigung der großbetrieblichen Aufgaben und zur Vertretung des Reiches nach außen; daneben aber muß der Föderativ-Gedanke wieder eine viel stärkere Betonung finden. Wir wollen nicht den Einheitsstaat schlechthin, nicht den in bloße Verwaltungsbezirke dezentralisierten Einheitsstaat, sondern den föderativen Einheitsstaat, d. h. eine starke Reichsgewalt auf föderativer Basis, aufgebaut auf dem wurzelechten und ursprünglichen Boden deutscher Stammesländer unter Anerkennung ihrer möglichsten Selbständigkeit und staatlichen Hoheit.

Wir glauben den Beweis erbracht zu haben, daß im Gegensatz zu engpreußischen Auffassungen in der öffentlichen Meinung und bei allen Parteien sich diese Erkenntnis immer mehr durchringt.

Nur wenn die alten Quellen deutscher Volkskraft freigelegt werden, nur wenn die notwendige Verbindung zwischen Einheit und Freiheit geschaffen wird, kann eine Wiedergesundung der deutschen Nation erhofft werden.

In Preußen müssen die Stammesländer ihre staatliche Selbständigkeit erhalten; was den übrigen Mittelstaaten: Baden, Württemberg, Bayern recht ist, muß für Rheinland, Westfalen, Hannover und Schlesien billig sein. Für die preußischen Länder müssen wir heute mehr denn je verlangen, daß sie nicht durch eine doppelte Zentralverwaltung, durch die Reichs- und durch die Landesregierung an Berlin gekettet sind, daß vielmehr durch die Zerlegung von Preußen in seine Länder neue lebensfähige Verwaltungspunkte außerhalb von Berlin geschaffen werden.

Diesem Ziele stehen aber, wie wir sahen, durch die alten Traditionen schwere Hindernisse im Wege.

Aus dem Verfassungsentwurf des Ministeriums Hirsch und dem Putsch Kapp erkennen wir, wie lebendig auch heute der altpreußische Geist noch ist, wie Hirsch und Kapp dem gleichen Ziele einer Verpreußung Deutschlandes zustreben. Wenn wir so erkennen, wie trotz der im Interesse des deutschen Vaterlandes erforderlichen Auflösung der preußischen Zentrale ihre Neubefestigung von den verschiedensten Seiten mit den verschiedensten Mitteln erstrebt wird, kommen wir zu der Überzeugung, daß, wenn Deutschland gerettet werden soll, gehandelt werden muß. Die außerpreußischen Kräfte müssen aus der Defensive in die Offensive übergehen und sich mit den preußischen Vertretern des Ländergedankens verbinden, damit die Schaffung eines organisch gegliederten deutschen Reiches nicht wieder von Berlin aus verhindert wird.

Hat Preußen weder als Staat noch als Verwaltungsorganismus eine fernere Existenzberechtigung, so ist auch nicht abzusehen, warum es noch eine neue Verfassung erhalten soll. Eine in Liquidation befindliche Handelsgesellschaft gibt sich nicht noch ein neues Gesellschaftsstatut. Natürlich kann die Auflösung nicht von heute auf morgen erfolgen. Was aber not tut, ist der Auflösungsbeschluß. Der muß vom Reich auf Grund seiner Befugnis, eine Um- und Neugruppierung zu besorgen, vollzogen werden. Wenn man entgegenhält, daß, wenn es Bayern recht sei, sich eine Verfassung zu geben, dies auch Preußen zugebilligt werden müsse, so erscheint diese Parallele unrichtig. Denn Bayern hat im Rahmen des Reiches kaum die Bedeutung einer größeren preußischen Provinz, etwa die der Provinz Westfalen. Ähnlich die anderen süddeutschen Staaten; ihre Staatsregierung bildet im Gegensatz zu Preußen keine Macht, die für die Reichszentrale eine Konkurrenz bedeuten könnte.

Wenn die preußische Notverfassung für die Zeit des staatlichen Umbaues nicht genügen sollte, dann darf nur eine solche Verfassung geschaffen werden, die den Übergang der Verwaltung von der preußischen Zentralregierung auf die zu schaffenden Länder erleichtert.

Der feste Wille diesem Ziel entgegen zu steuern, muß den Beratungen über die preußische Verfassung zugrunde liegen. Sie muß ausgehen von dem Art. 18 der Reichsverfassung, der in der ausdrücklichen Absicht geschaffen ist, die Lösung des Problems Preußen-Deutschland in dem Sinne einer Neugliederung des Reiches zu ermöglichen. Der preußische Verfassungsentwurf aber glaubt diese in der Reichsverfassung ausdrücklich festgelegte Möglichkeit vollständig ignorieren zu dürfen.[1])

Infolge des leidenschaftlichen Kampfes der Zentralisten gegen die in Art. 18 klar ausgesprochene Zulässigkeit einer Neugliederung des Reichsgebietes wurde durch den Art. 167 der Reichsverfassung das Inkrafttreten des Art. 18 Abs. 3—6 (also soweit Abstimmungen in Frage kommen) bis zum August 1921 hinausgeschoben.

An dem Art. 18 der Reichsverfassung ist festzuhalten. Am 11. August 1921 ist die berühmte Sperrfrist der Reichsverfassung abgelaufen und der Art. 18 über die Neugliederung des Reiches tritt mit allen seinen Bestimmungen in Kraft. Das bedeutet, daß dann in jeder preußischen Provinz oder in jedem Regierungsbezirk ein Drittel der wahlberechtigten Einwohner genügt, um eine Volksabstimmung über die Trennung von Preußen zu erzwingen.

[1]) Dieser von Löbe, Trimborn und Heile beantragte Art. 18 der Reichsverfassung lautet:

Artikel 18. Die Gliederung des Reiches in Länder soll unter möglichster Berücksichtigung des Willens der beteiligten Bevölkerung, der wirtschaftlichen und kulturellen Höchstleistung des Volkes dienen. Die Änderung des Gebiets von Ländern und die Neubildung von Ländern innerhalb des Reiches erfolgen durch verfassungänderndes Reichsgesetz.

Stimmen die unmittelbar beteiligten Länder zu, so bedarf es nur eines einfachen Reichsgesetzes.

Ein einfaches Reichsgesetz genügt ferner, wenn eines der beteiligten Länder nicht zustimmt, die Gebietsänderung oder Neubildung aber durch den Willen der Bevölkerung gefordert wird und ein überwiegendes Reichsinteresse sie erheischt.

Der Wille der Bevölkerung ist durch Abstimmung festzustellen. Die Reichsregierung ordnet die Abstimmung an, wenn ein Drittel der zum Reichstag wahlberechtigten Einwohner des abzutrennenden Gebiets es verlangt.

Zum Beschluß einer Gebietsänderung oder Neubildung sind drei Fünftel der abgegebenen Stimmen, mindestens aber die Stimmenmehrheit der Wahlberechtigten erforderlich. Auch wenn es sich nur um Abtrennung eines Teiles

Für die Abstimmung selbst ist eine Dreifünftelmehrheit vorgeschrieben. — Ist nicht durch verfassungändernden Beschluß der Nationalversammlung zu erreichen, daß die Neugliederung schon jetzt anstatt Schaffung einer neuen preußischen Verfassung in Angriff genommen wird, dann sind wenigstens unverzüglich die Vorbereitungen zu treffen für eine solche Neugliederung des Reiches im August 1921, wie sie den Bedürfnissen des Reiches und seines Wiederaufbaues entsprechen. Die Nationalversammlung hat auch schon vor längerer Zeit in diesem Sinne entschieden. Eine mit großer Mehrheit angenommene Entschließung machte es der Reichsregierung zur Pflicht, die Vorbereitung der Neugestaltung der Länder durch eine eigene Zentralstelle in die Hand zu nehmen. Falls die Reichsregierung noch weiter zögern sollte, diesen Beschluß in die Tat umzusetzen, muß die deutliche Kundgebung des Volkswillens die Regierung zwingen zu handeln. Warum soll immer nur die rohe Gewalt sich durchzusetzen vermögen? An uns liegt es zu zeigen, daß auch die Verfolgung eines als richtig erkannten Zieles auf legalem, den Vorschriften der Verfassung entsprechendem Wege zum Ziele führen kann.

Für die Zwischenzeit bis zum Ablauf der Sperrfrist verlangen wir Rheinländer eine Umgestaltung des parlamentarischen Beirates beim Reichskommissar in Koblenz. Dieser ist heute nur ein Popanz, eine Fassade, die etwas vortäuscht, was in Wirklichkeit nicht vorhanden ist. Statt dessen muß dort eine nach demokratischen Grundsätzen zusammengesetzte Volksvertretung geschaffen werden. Das rheinische Volk, das durch die Besetzung des Landes unter solch schwerem seelischem Drucke leidet, hat es satt, sich nur von Berlin, wo man so geringes Verständnis für seine geistige und wirtschaftliche Not hat, gängeln zu lassen. Es will seine Interessen im parlamentarischen Beirat

---

eines preußischen Regierungsbezirks, eines bayerischen Kreises oder in andern Ländern eines entsprechenden Verwaltungsbezirks handelt, ist der Wille der Bevölkerung des ganzen in Betracht kommenden Bezirks festzustellen. Wenn ein räumlicher Zusammenhang des abzutrennenden Gebiets mit dem Gesamtbezirk nicht besteht, kann auf Grund eines besonderen Reichsgesetzes der Wille der Bevölkerung des abzutrennenden Gebiets als ausreichend erklärt werden.

Nach Feststellung der Zustimmung der Bevölkerung hat die Reichsregierung dem Reichstag ein entsprechendes Gesetz zur Beschlußfassung vorzulegen.

Entsteht bei der Vereinigung oder Abtrennung Streit über die Vermögensauseinandersetzung, so entscheidet hierüber auf Antrag einer Partei der Staatsgerichtshof für das Deutsche Reich.

durch Einheimische vertreten sehen. Der Beirat muß ein Organ des Volkes und aller schaffenden Stände des Rheinlandes werden, so daß das heute leider erschütterte Vertrauen zur Reichsregierung in vollstem Maße wiederkehrt. Der Beirat muß ein Ventil werden für die gärenden Kräfte im Rheinland und damit den Separatisten das Wasser abgraben.

Herr Hirsch hat seine Thronrede geschlossen mit den Worten:

„Das alte Preußen ist tot, es lebe das neue Preußen!"

Hätte er seine Aufgabe auch nur einigermaßen geschichtlich und politisch durchdacht, dann hätte er sagen müssen:

„Das alte Preußen ist tot, es lebe das neue Deutschland!"

Nicht ein verpreußtes Deutschland wollen wir, sondern ein deutsches Deutschland, geeint in seinen Stämmen und Ländern, die aber ihrerseits frei sind in der Auswirkung ihrer Kultur- und Gemütswerte.

Es muß für den durch die Reichsverfassung geschaffenen föderativen Einheitsstaat der notwendige organische Unterbau geschaffen werden durch die zweckentsprechende Neugliederung des deutschen Reichsgebietes.

Die preußische Vorherrschaft muß sterben, damit das neue Deutschland lebe!

Es lebe das deutsche Deutschland!

ANHANG.

Vorschläge für eine Neugliederung des Deutschen Reiches.

(Mit einer Kartenskizze.)

Die beigefügte Karte gibt einen Beweis, daß es nicht unmöglich sein wird, eine Gliederung Deutschlands herbeizuführen, die den naturgemäßen Stammeszusammenhängen entspricht. Diese Kartenskizze soll nichts Endgültiges sein, sondern nur zur Anregung und Unterlage dienen. Ein Blick auf die Karte zeigt, wie sehr eine Aufteilung Preußens in mehrere Länder den Bedürfnissen des inneren Gleichgewichtes entspricht und wie selbstverständlich ein in dieser Weise neugegliedertes Deutschland wirkt.

1. Westfalen würde umfassen Provinz Westfalen ohne die Kreise Minden-Lübbecke und Siegen-Witgenstein, ferner Lippe-Detmold und von Waldeck Pyrmont, weiter Herzogtum Oldenburg und die Bezirke Osnabrück und Aurich. Der restliche Teil Hannover war mit dem Hauptteile nie recht verwachsen. Die Emslande und ein großer Teil von Oldenburg wurden lange im Mittelalter zu Westfalen gerechnet. Osnabrück ist echter westfälischer Boden, wie auch das oldenburgische Münsterland. Auch die Emsmundarten stehen dem Westfälischen näher als dem hannoverschen Niedersächsischen. Westfalen würde in dieser Umgrenzung 34 000 qkm und 5 050 000 Einwohner umfassen.

2. Niedersachsen umgreift von Hannover die Bezirke Hannover, Hildesheim (ohne Kreis Ilfeld), Lüneburg und Stade, von Westfalen die beiden nördlich vom Wesergebirge (Wiehegebirge) gelegenen Kreise Minden und Lübbecke. Weiter vom Bezirk Magdeburg den südwestlichen Teil, der von jeher zu den braunschweigischen und den Harzlanden in engen Beziehungen stand und eine niedersächsische (ostfälische) Mundart redet (Kreise Halberstadt, Wernigerode, Oschersleben, Quedlinburg-Aschersleben, südwestlicher Teil des Kreises Neu-Haldensleben), das ehemalige Herzogtum Braunschweig ohne Calvörde, von Anhalt Ballenstedt und Alsleben, freie Stadt Bremen, Schaumburg-Lippe, der hessische Kreis Schaumburg (Rinteln). 36 700 qkm und 3 700 000 Einwohner.

3. Nordsachsen: Holstein und Lauenburg, der Rest von Schleswig (einschließlich der zweiten Zone), das oldenburgische Fürstentum Lübeck, die freien Städte Hamburg und Lübeck, die beiden Mecklenburg (Schwerin ohne die Enklaven in der Prignitz), Vorpommern westlich von der Zarow (Bezirk Stralsund, Kreise Anklam und Demmin). Gebiete von einheitlicher nordniedersächsischer (holsteinscher und mecklenburgischer) Mundart. 38 000 qkm, 3 750 000 Einwohner.

4. Mark und Pommern, das territorial größte Land, umfaßt vom Bezirk Magdeburg die Altmark, das rechtselbische Land Jerichow, Magdeburg und seine niederdeutsche Umgebung südlich bis zur Saalemündung, das braunschweigische Calvörde, von Anhalt den niederdeutschen Kreis Zerbst, Berlin, von Brandenburg den Bezirk Potsdam, den Bezirk Frankfurt ohne die Lausitz (s. Nr. 6), Vorpommern östlich der Zarow, Hinterpommern, die südwestlichen Kreise von Westpreußen (Deutsch-Krone, Schlochau, Flatow) und die angrenzenden Restteile von Posen. Das Gebiet wird fast durchweg von einer märkischen und pommerschen Bevölkerung bewohnt. 73 000 qkm und 8 100 000 Einwohner.

5. Preußen: Ostpreußen ohne den litauischen Teil nördlich von Memel, Westpreußen östlich der Weichsel und Nogat nördlich von Garnsee-Deutsch Eylau, würde einschließlich der noch abstimmenden Bezirke etwa 37 700 qkm und 2 200 000 Einwohner umfassen.

6. Schlesien und Lausitz. Könnte außer dem kleinen an die Tschechoslowakei gefallenen oberschlesischen Teile ganz Schlesien umfassen, ferner die brandenburgische Lausitz (Kreise Luckau, Lübben, Kalau, Kottbus St. u. Ld., Spremberg, Sorau, Forst, Guben St.u.Ld., Krossen) und das ehemals österreichische Schwiebus, ferner die kleinen südwestlichen Grenzgebiete der Provinz Posen (Fraustadt usw.). Über einen großen Teil (Oberschlesien) entscheidet noch die Bevölkerung. Einschließlich auch dieser Gebiete etwa 49 000 qkm und 5 850 000 Einwohner.

7. Obersachsen: das ehemalige Königreich Sachsen, von der preußischen Provinz Sachsen die südöstlichen Kreise Liebenwerda, Torgau, Schweinitz, Wittenberg, Bitterfeld, Delitzsch (letztere beide zum größten Teil), vom Kreise Merseburg der nordöstliche Strich, Gebiete, die früher zu Kursachsen gehörten und eine oberdeutsche Bevölkerung haben. Von Anhalt der Kreis Dessau. 20 500 qkm, 5 300 000 Einwohner.

8. Thüringen: die thüringischen Staaten ohne Koburg, der Bezirk Erfurt, der westliche Teil des Bezirks Merseburg, westlich einer Linie Zörbig-Landsberg-Schkeuditz (s. Nr. 7), der südliche Teil des Kreises Kalbe, von Hannover der Kreis Ilfeld, von Hessen der Kreis Schmalkalden, von Anhalt die Kreise Köthen und Bernburg. Es darf dabei bemerkt werden, daß die verschiedenen Teile von Anhalt erst im 19. Jahrhundert an eine Hand kamen. Das Gebiet hat mit Ausnahme von Meiningen, das sich aber auch kürzlich für den Anschluß an den thüringischen Einheitsstaat entschloß, eine durchaus thüringisch-obersächsische Bevölkerung. 22 000 qkm, 3 150 000 Einwohner.

9. Hessen: Hessen-Kassel ohne die Kreise Schaumburg (Rinteln) und Schmalkalden, Oberhessen und Starkenburg, von Unterfranken der westliche im Mainviereck gelegene, früher zu Kurmainz gehörige und rheinfränkische Mundart redende Teil (Aschaffenburg usw.), das Hauptland von Waldeck, vom Rheinland der Kreis Wetzlar, vom Bezirk Wiesbaden Frankfurt am Main, Hessen-Homburg, der frühere hessische Bezirk von Biedenkopf, der östliche Teil von Nassau (östlich der Linie Wiesbaden-Limburg-Salzburger Kopf), von Westfalen die beiden südlichsten oberdeutsche, hessisch-mittelfränkische, Mundarten redenden Kreise Siegen und Witgenstein, auch geschichtlich in engen Beziehungen zu Nassau und Hessen stehend. 23 300 qkm, 3 000 000 Einwohner.

10. Rheinland (Rheinfranken): Rheinprovinz ohne das von einer internationalen Kommission verwaltete Saargebiet, die Kreise Eupen und Malmedy, den Hessen zuzuteilenden Kreis Wetzlar. Das Gebiet könnte weiter enthalten das oldenburgische Fürstentum Birkenfeld, vom Bezirk Wiesbaden den westlichen Teil (Stadtkreis Wiesbaden und die neuen westlichen Landkreise, (s. Nr. 9), die vermöge ihrer nahen Lage am Rhein, durch Geschichte und Volkstum zum Rheinland naturgemäß gehören. Dasselbe gilt von Rheinhessen (Worms-Mainz-Bingen), das ohne jede innere Begründung vor 100 Jahren an Darmstadt kam. Das Land gehört, wenn eine auf natürlicher Grundlage aufzubauende Neugliederung vorgenommen werden soll, zu einem rheinischen Gliedstaat. Zur Abrundung wären ihm die nördlichsten Teile der Pfalz (Kiesel, Kirchheimbolanden) zweckmäßig anzugliedern. Die Grenze des Rheinlandes gegen Westfalen ist eine uralte und zum großen Teil auch auf Stammesgrenzen beruhend. 30 100 qkm, 7 600 000 Einwohner.

11. Baden und Pfalz. Die süddeutschen Staaten waren trotz mannigfacher Bevölkerungsteile wegen ihrer mittleren Größe und Einwohnerzahl konsolidierter und auch einheitlicher als das große Preußen. Ihr Weiterbestehen in mehr oder weniger demselben Rahmen entspricht auch der vorherrschenden Volksstimmung. Dem unterbadischen Lande ist die bayrische Pfalz enge verwandt, weshalb der Großteil des Landes Baden angegliedert werden könnte, von Hohenzollern weiter das südliche Donauoberamt Sigmaringen. 20 050 qkm, 2 900 000 Einwohner.

12. Schwaben: Württemberg, die drei nördlichen Ämter von Hohenzollern, ferner Bayrisch-Schwaben ohne Neuburg und den östlichen Teil des Amtes Donauwörth. In Bayrisch-Schwaben ist zweifelsohne eine starke Strömung hin nach Württemberg vorhanden, der, da die Bevölkerung durchaus schwäbisch ist, Rechnung getragen werden könnte. 29 200 qkm, 3 230 000 Einwohner.

13. Bayern: umfaßt die altbayrischen Lande, dann aber auch die ostfränkischen Bezirke mit Ausnahme der Gegend von Aschaffenburg. Hinzu würde Koburg kommen. In Franken ist wenig Neigung vorhanden, sich von Altbayern abzusondern. Auch ohne die anderen Ländern zuzuteilenden Gebiete würde Bayern der zweitgrößte Gliedstaat sein. 59 000 qkm, 5 100 000 Einwohner.

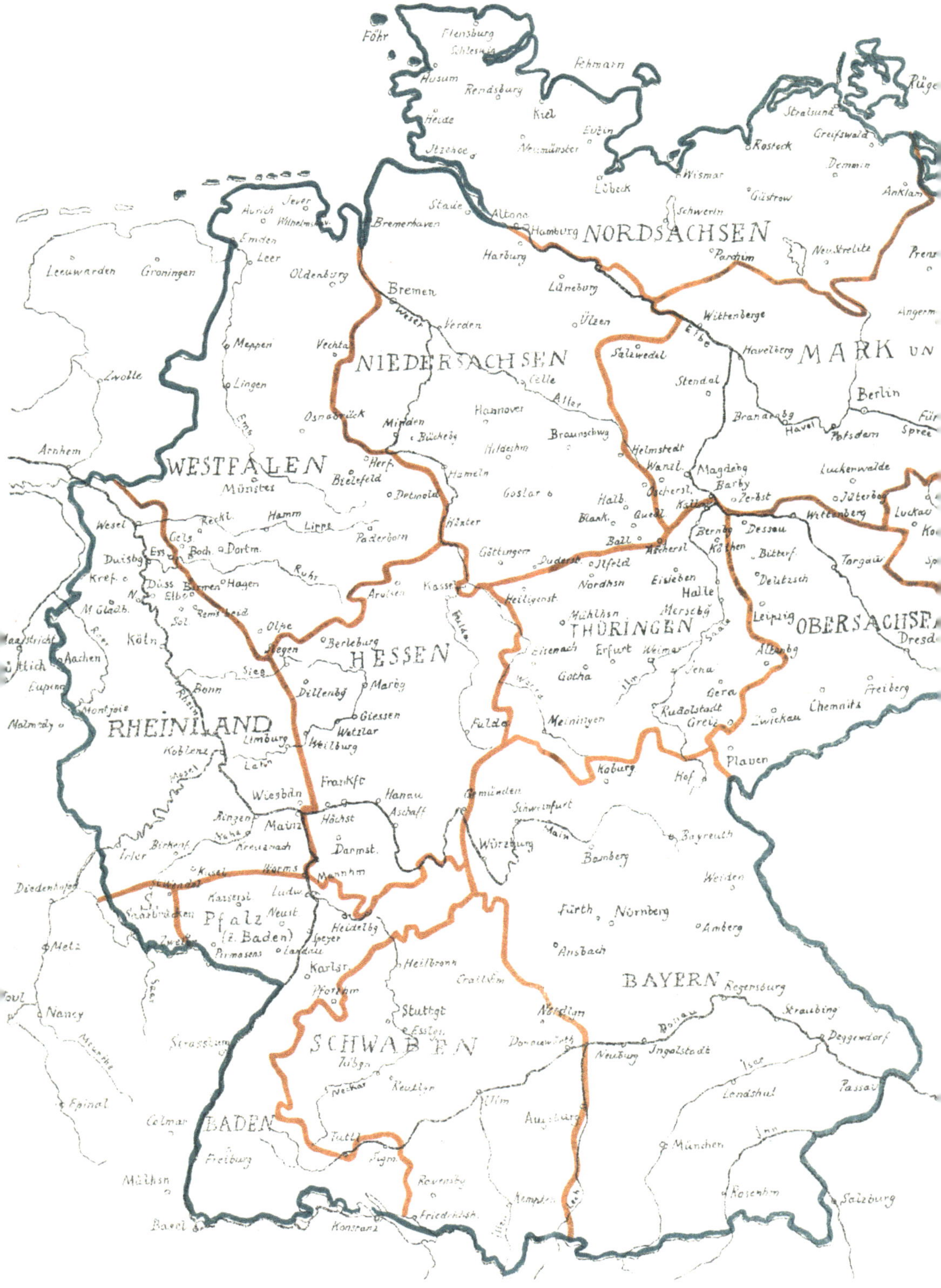
NORDSACHSEN
NIEDERSACHSEN
MARK
WESTFALEN
HESSEN
THÜRINGEN
OBERSACHSE
RHEINLAND
Pfalz
(z. Baden)
SCHWABEN
BAYERN
BADEN

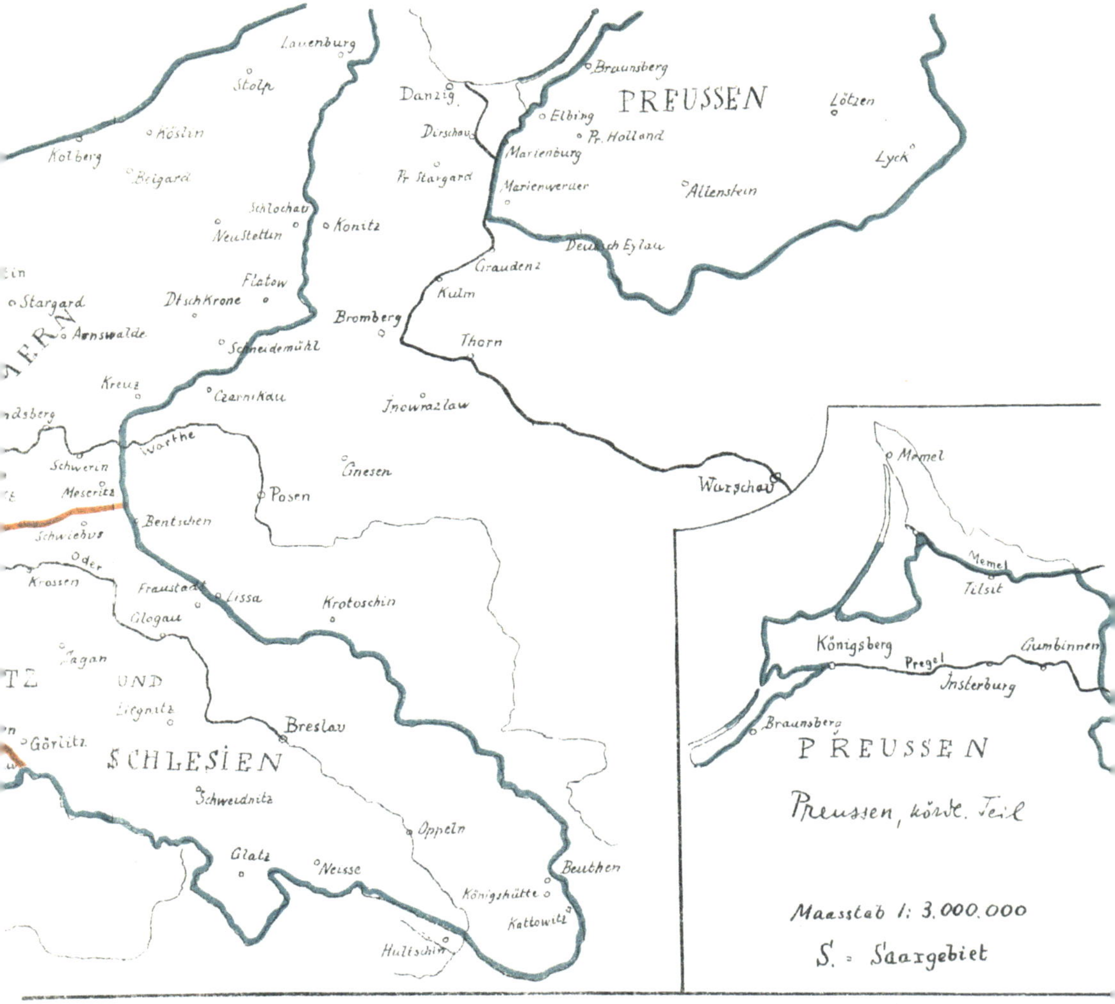

Skizze und Begründung
von
Dr. phil. W. TUCKERMANN,
Priv.-Doz. a. d. Univ. Köln

FSC
www.fsc.org
MIX
Papier | Fördert gute Waldnutzung
FSC® C083411

Kolibri 360 GmbH
Ferdinand-Jühlke-Straße 7
99095 Erfurt, Deutschland
produktsicherheit@kolibri360.de